U0352271

Photoshop数码摄影风景照片精修
——恋爱中的风景

高鹏 等编著

机 械 工 业 出 版 社

现在已经有越来越多的人喜欢背起行囊外出旅行，他们使用各种各样的相机将沿途的山山水水记录下来，以此感悟生活、提升自我。日常生活中也有很多人喜欢拍摄照片，正是这种全面高涨的拍照热潮，使得数码照片的后期处理也飞速发展起来。

本书以最新版本的Photoshop CS6为工具，详细介绍了风景照片处理的相关知识和操作技法，主要从校色、调色、特效、Camera Raw处理和合成5大块内容全面攻克各种风景照片处理难题。书中配备了大量精美典型的操作案例，并详细讲解了每个案例的操作步骤和所用的知识点，不仅能够使读者快速理解并掌握相关的知识点，还能尽快将其应用到独立的创作中去。

本书适合摄影爱好者、摄影师、相关的图形图像处理人员以及从事影楼后期处理的人员阅读。

本书配套的多媒体光盘中提供了书中所有实例的相关视频教程，以及所有实例的源文件及素材，方便读者制作出和本书操作案例一样精美的效果。

图书在版编目（CIP）数据

Photoshop数码摄影风景照片精修：恋爱中的风景/高鹏等编著.
—北京：机械工业出版社，2012.9
ISBN 978-7-111-39622-2

Ⅰ.①P… Ⅱ.①高… Ⅲ.①图像处理软件 Ⅳ.①TP391.41

中国版本图书馆CIP数据核字（2012）第205964号

机械工业出版社（北京市百万庄大街22号 邮政编码100037）
策划编辑：杨 源 责任编辑：杨 源 责任印制：乔 宇
北京汇林印务有限公司印刷
2012年11月第1版第1次印刷
184mm×260mm 16.25印张·398千字
0001—4000册
标准书号：ISBN 978-7-111-39622-2
 ISBN 978-7-89433-668-2（光盘）
定价：76.00元（含1DVD）

凡购本书，如有缺页、倒页、脱页，由本社发行部调换
电话服务 网络服务
社服务中心：（010）88361066 教材网：http://www.cmpedu.com
销售一部：（010）68326294 机工官网：http://www.cmpbook.com
销售二部：（010）88379649 机工官博：http://weibo.com/cmp1952
读者购书热线：（010）88379203 封面无防伪标均为盗版

前　言

随着社会的高速发展，人们生活水平的提高，普通大众对精神文化生活的需求也空前膨胀，而外出旅行就是一种很好的方式。"驴友"们背上行装，拎着大大小小的相机，用镜头记录沿途的山水草木，感受异域的风土人情。就是这股旅行热潮使得风景照片处理技术飞速发展。

目前风景照片处理使用最普遍的软件是Photoshop，相信大部分人都不陌生。Photoshop是目前市面上最为专业的图像处理和合成软件，最新发布的版本为Photoshop CS6，本书的全部案例都是使用CS6版本完成的。

本书内容安排

本书本着通俗易懂、简单实用的原则，完全摒弃艰涩苦闷的基础知识，所有的知识点都通过具体的操作案例来讲解，循序渐进地讲解了风景照片处理中常用的操作技法。书中每个操作案例都被详细分解为多个步骤，确保读者能够扎实地掌握其中的知识点，并能够触类旁通地应用到实际操作中。本书共分为6章，内容由浅入深，具体安排如下：

✧　**第1章图片基本操作技法**：本章主要讲解了一些有关数码照片最为常用的知识和操作，例如根据照片用途的不同更改照片尺寸和分辨率、对图像进行裁剪、使用"自由变换"命令调整图像大小、拼接多张照片、使用不同的方法修复风景照片中的瑕疵、校正图像的镜头扭曲和批处理图像等内容。

✧　**第2章校正照片的影调**：本章主要向读者介绍如何使用各种调色命令对存在色调缺陷的风景照片进行校正的方法，例如使用"曲线"和"色阶"校正灰暗的照片、使用"亮度/对比度"校正照片、使用"阴影/高光"单独校正图像中的阴影和高光区域、控制图像颜色饱和度和校正照片偏色等内容。本章的内容比较简单，但是它是接下来对照片进行进一步美化处理的基础，各位读者应该给予足够的重视。

✧　**第3章图像调色技法**：本章主要介绍如何组合各种基本调色命令将普通的照片调整成为极具艺术感的照片的技法，包括替换局部图像的颜色、调出美丽的黄昏、调出明净的雪景照片、打造微凉的清晨、调出高品质黑白片、调出高清HDR色调图像、打造清晰明丽暖调效果和调出照片阳光色等内容。

✧　**第4章为图像添加特效**：本章主要讲解如何使用不同的命令在图像中添加各种气氛特效的方法，例如为天空添加云朵、为森林添加光线效果、为图像添加下雨和下雪效果、将普通照片处理为雪景照片、为图像添加彩虹、在图像中添加雾气弥漫效果和将普通照片转为夜景照片等内容。

✧　**第5章解读Raw**：Camera Raw是一个绑定在Photoshop中的软件，专门用于解析和处理Raw格式照片，也是风景照片处理较为常用的软件。本章主要讲解如何使用Camera Raw对图像进行处理的方法，内容包括在Camera Raw中裁剪图像、去除图像中的瑕疵、控制图像色温和色调、修复严重发暗的照片、恢复阴影区域细节、使用曲线精确控制图像影调、使用"色调分离"转换天气氛围和使用"调整画笔"局部调整图像等。

✧ **第6章合成技法：** 本章主要介绍了综合使用各种命令和调整技法，将多张素材图像有机整合，创作出更具震撼感和艺术感的作品的方法，操作案例有合成世外桃源、合成宏大浩劫场景、合成天空之城、合成鲨鱼潜水艇、合成秋日美景、合成荒蛮之地和合成勇敢的战士等。

本书特点

全书内容深入浅出、丰富合理，为广大读者全面、系统地介绍了风景照片处理中的常用操作技法，案例精美、讲解详细，便于读者快速上手。

本书主要有以下特点：

● 内容合理，由浅入深。循序渐进地讲解了风景照片处理中最常用、最有效的各种处理方法。

● 内容丰富、全面。全书共分为6章，分别从校色、调色、特效和合成等几大板块全面讲解了风景照片处理的各种技法。

● 通俗易懂，讲解清晰。以最小的篇幅、最平实的语言讲解每个工具和命令的操作方法，以及案例中每个步骤的用途。无论是初学者还是有一定基础的读者，都可以轻松完成每个案例的全部操作。

● 对书中每个操作案例均录制了相关的多媒体视频教程，使得每一个步骤都通俗易懂，操作一目了然。

本书读者对象

本书是基于Photoshop的风景照片后期处理教程，适合摄影爱好者、图像处理相关人员、摄影师及从事影楼后期处理的人员阅读。

本书配套的多媒体光盘中提供了书中所有实例的相关视频教程，以及所有实例的源文件及素材，方便读者制作出和本书操作案例一样精美的图像效果。

本书由高鹏执笔，另外，何经纬、陈利欢、杜秋磊、雷喜、朱兵、张智英、张立峰、于海波、孙艳波、陶玛丽、孙钢、林学远、吴桂敏、黄尚智、依波、尚丹丹、李万军、冯海、黄爱娟、金昊等人也参与了部分编写工作。书中存在不足在所难免，诚挚欢迎读者朋友给予批评和指正。

编　者

目 录

第3章 图像调色技法

第4章 为图像添加特效

第5章 解读Raw

第6章 合成技法

Photoshop

第1章 图片基本操作技法

1.1

更改照片尺寸和分辨率

由于各行各业对图像的分辨率和尺寸要求均有不同，所以常常需要对照片尺寸和分辨率进行修改，以应用到不同领域。使用Photoshop中的"图像大小"命令可以十分容易地完成这项工作。

原图

01

执行"文件>打开"命令，打开素材图像"第1章>素材>0101.jpg"。

02

执行"图像>图像大小"命令，弹出"图像大小"对话框，在这里可以清楚地查看图像当前尺寸和分辨率。

03

将该图像"分辨率"修改为适用于印刷输出的300像素/英寸，并取消勾选"重定图像像素"选项。

04

设置完成后单击"确定"按钮，发现图像显示大小并没有什么变化。

05

按Ctrl+Z快捷键返回上一步操作，再次执行"图像大小"命令，勾选"重定图像像素"选项，修改"分辨率"为300，"像素大小"也随之变化了。

06

设置完成后单击"确定"按钮，发现图像显示尺寸变大了很多，因为"图像大小"对话框中的"像素大小"变大了。

1.2

裁剪固定比例的照片

　　裁剪图像主要考察的是操作者的构图能力，Photoshop CS6的"裁剪工具"中增加了很多辅助线，巧妙地使用这些辅助线有助于裁剪出构图更加合理的图像。你可以根据不同图像的构图特征选用不同的辅助线，但不必严格按照辅助线摆放图像中的元素。

原图

01

执行"文件>打开"命令，打开素材图像"第1章>素材>0102.jpg"，我们要将这张照片裁剪成16:10宽频图像。

02

使用"裁剪工具"，在"选项"栏中设置裁剪比例为"16×10"，然后选择"视图"为"黄金比例"。

03

使用鼠标仔细移动图像，使裁剪框内的部分构图更完美。你可以结合辅助线和自己的主观喜好取舍图像。

04

裁剪区域调整完成后按Enter键确认裁剪，裁剪框之外的像素就被丢弃了，裁剪完成。

05

在调整裁剪区域时，如果不习惯图像随着裁剪框的移动自动居中显示，可以在"选项"栏中单击确定按钮，在弹出的选项面板中取消勾选"自动居中显示"即可。

使用"裁剪工具"裁剪图像时，你可以在图像中右击鼠标，在弹出的菜单中选择系统预设的长宽比例快速裁剪图像。

1.3

裁剪透视错误的图像

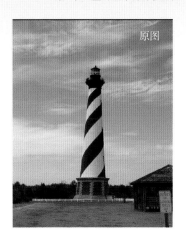

原图

在拍摄照片时，人们往往会仰起头拍摄比较高高的建筑物，这样拍出的照片就容易出现透视错误。

使用Photoshop CS6新增的"透视裁剪工具"可以非常容易地解决这个问题。

01

执行"文件>打开"命令，打开素材图像"第1章>素材>0103.jpg"，可以看到这是一张明显仰视拍摄的照片。

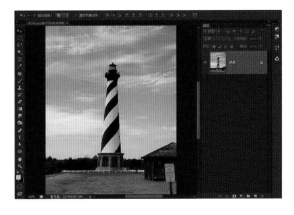

02

使用"透视裁剪工具"，在图像中不同的四个点单击创建透视网格，以此创建出正确的透视规则。

03

如果无法一次性创建出满意的透视网格，还可以使用鼠标拖动裁剪框四边的控制点，对网格进行调整。

04

裁剪区域调整完成后按Enter键确认裁剪，透视错误的图像就被校正了，操作完成。

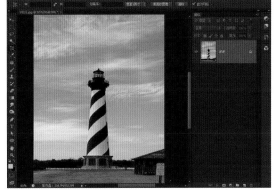

1.4

使用"自由变换"制作倒影

　　使用Photoshop为景物添加倒影的操作很简单，只需将图像垂直翻转调整位置即可。不过，适当调整倒影的颜色和明亮度也是必要的操作，它可以让倒影看起来更逼真。

原图

1.4.1　制作倒影效果

01

执行"文件>新建"命令，新建一张1688像素 × 1128像素，分辨率为100像素/英寸的空白画布。

02

打开图像"第1章>素材>0104.jpg"，并使用"移动工具"将其拖动到刚刚新建的画布中，适当调整一下位置。

03

按快捷键Ctrl+J复制"图层1"，然后执行"编辑>自由变换"命令，仔细调整图像形态，使其产生倒影效果。

04

图像和倒影衔接的部位明显有一条边缘。为"图层1"添加图层蒙版，使用黑色的柔边画笔沿着图像下边缘涂抹，将其遮盖住。

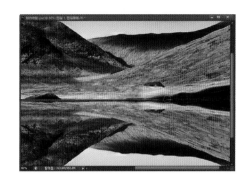

1.4.2　调整倒影效果

05

在"图层1 副本"缩览图上单击鼠标右键，选择"转换为智能对象"命令，将该图层转换为智能对象，然后执行"滤镜>模糊>动感模糊"命令。

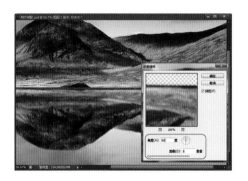

06

倒影朦胧的效果出来了，接下来新建一个"亮度/对比度"调整图层，略微降低倒影的明亮度，这样看起来更有水的感觉。

1.4.3　添加其他素材

07

打开树木素材"第1章>素材>0105.jpg"，将它拖动到文档中，并使用"自由变换"命令调整其大小和位置。

08

接下来要把树木抠出来。使用"魔棒工具"单击树木的白色背景部分，将其选取出来。此时需要设置魔棒的工具模式为"添加到选区"。

09

执行"选择>反向"命令反转选区，直接在选区状态下为树木图层添加选区，树木就被完整地抠出来了。

10

当前的画面内容现在已经很丰富了，最后新建一个"自然饱和度"调整图层，提高图像的饱和度。这可以使整个画面看起来更明亮。

11

至此，图像的调整就全部完成了，按快捷键Ctrl+Shift+Alt+E盖印图层，在图层最上方得到"图层3"。此时可见处理完成的图像整体构图合理，画面从近处的树木，到中间的倒影，再到远处的群山，景深感和空间感都很强。

智能对象可以保留自由变换和滤镜的参数，有利于用户随时更改。

1.5

拼接超长全景图

　　喜欢拍摄照片的人也许会遇到这样的麻烦，被摄景物过长，无法将其尽数纳入镜头中。

　　此时可以将景色拍成多张照片，然后再使用"Photomerge"命令将其拼合。

原图

01

执行"文件>打开"命令，打开素材图像"第1章>素材>0106.jpg、0107.jpg"，要将这两张图像拼接成一张。

02

执行"文件>自动>Photomerge"命令，打开"Photomerge"对话框。

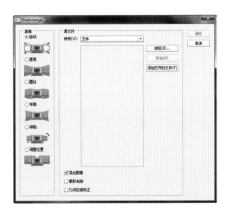

03

单击对话框中的"添加打开的文件"按钮，在Photoshop中打开的两张素材图像就被自动添加到对话框中了。

04

文件添加完成后单击"确定"按钮，系统就会分析两张图像的像素，并自动将其拼接成一张照片。

05

打开"图层"面板可以看到两张素材照片都被添加了蒙版。按快捷键Ctrl+Shift+Alt+E盖印可见图层，得到"图层1"。

06

执行"图像>调整>曲线"命令，弹出"曲线"对话框，在其中将图像调亮一些。

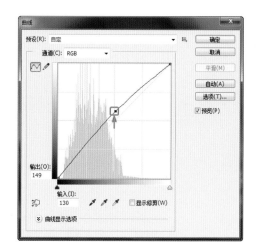

07

单击"确定"按钮，可以看到图像比之前亮丽了不少，操作至此完成。要想拼接多张照片，这些照片之间的重叠区域应该约为40%。如果重叠区域较小，Photomerge可能无法自动汇集全景图。

1.6

调整图像长宽比例

　　调整照片长宽比例是常用的操作，前面讲解过的"裁剪工具"和"自由变换"虽然都可以完成该操作，但都存在不同的缺陷。

　　使用"内容识别比例"既不必舍弃任何像素，也不必担心画面主体过度变形，是调整图像比例的首选命令。

原图

01

执行"文件>打开"命令，打开素材图像"第1章>素材>0108.jpg"，并按快捷键Ctrl+J将"背景"图层复制一份。

02

执行"图像>画布大小"命令，弹出"画布大小"对话框。勾选"相对"选项，然后将画布"宽度"设置为3厘米。

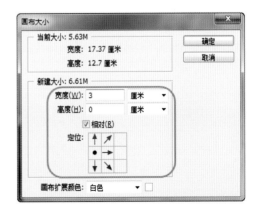

03

设置完成后单击"确定"按钮，可以看到在图像右面出现了一块白色区域。

04

执行"编辑>内容识别比例"命令，出现变形框，将图像直接拽长，直至填满整个画布，可以看到画面中的树木并没有被压扁。

05

变形完成后按Enter键确认操作，得到图像效果。如果事先在图像中创建选区，执行该命令可以保护选区内的像素丝毫不受变形影响。

最后执行"图像>自动对比度"命令，自动校正图像对比度，发现图像变得非常清晰明亮。

> "内容识别比例"可以自动识别图像中的主体内容，并会一定程度上保护主体在变换时不受过度变形的影响。

1.7

去掉照片上的拍摄日期

Photoshop中的"仿制图章工具"可以将图像的某一部分绘制到同一图像的另一部分，对于复制对象或修复图像中的缺陷有很大的用处。

大部分的相机都会自动在拍摄的照片中添加拍摄日期，这反而大大影响了照片的美观度。如果拍摄日期周围的图像纹理很复杂，就需要使用"仿制图章工具"进行修复。

原图

01

执行"文件>打开"命令，打开素材图像"第1章>素材>0109.jpg"，并按快捷键Ctrl+J将"背景"图层复制。

02

执行"图像>自动对比度"命令，自动校正图像灰暗的影调。

03

使用"仿制图章工具"，按下Alt键在拍摄日期附近的图像处单击，进行取样。

04

取样完成后将光标移动到需要修复的地方连续单击鼠标，即可将其修复。可以根据操作需要调整画笔尺寸和不透明度。

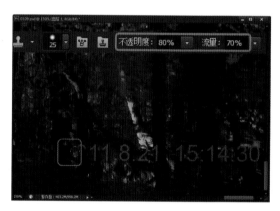

05

使用相同的方法多次在不同的地方取样，并修复其他数字。最好不要使用一个样本修复过大的面积，这样会使图像纹理过于雷同。

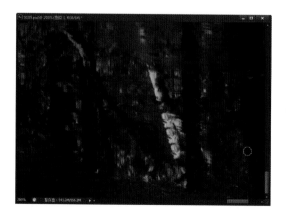

06

图像修复完成，现在调整一些图像颜色。新建"色相/饱和度"调整图层，提高图像中"黄色"的饱和度。

07

按快捷键Ctrl+Shift+Alt+E 盖印可见图层，得到"图层2"。

08

最后执行"滤镜>锐化>USM锐化"命令，对图像进行适度锐化。这张照片中的细碎树枝极多，锐化可以使树枝显得更清晰。

09

至此，完成对该图像的全部操作，得到最终效果。"仿制图章工具"只是将取样点的像素直接复制到涂抹区域，并不能自动与修复区域像素融合，所以取样时要尽量取在亮度相似的地方。

如果拍摄日期周围的图像颜色极为单一，可以直接使用"污点修复画笔工具"或"修补工具"快速修复。

1.8

调整照片中物体的位置

在拍摄照片时，经常会遇到照片中的某个物体位置不好，影响整体构图的情况。在这种情况下，无论是移动还是去掉物体都很容易使图像模糊。现在使用Photoshop CS6新增的"内容感知移动工具"就可以轻松地完成这个工作。

原图

01

执行"文件>打开"命令，打开素材图像"第1章>素材>0110.jpg"。

02

使用"矩形选框工具"，沿着图像外侧的白边创建选区。如果无法一次性创建成功，可以执行"选择>变换选区"命令调整选区。

03

执行"图像>裁剪"命令，即可将选区外侧的白边裁掉。如果只是要裁掉图像边缘，"裁剪"命令比"裁剪工具"更方便。

05

使用"污点修复画笔工具"，适当调整笔刷尺寸，涂抹图像上方模糊的水印。

07

使用"污点修复画笔工具"修复图像下方的黑色条带区域。

04

裁剪完成后按快捷键Ctrl+D取消选区，按快捷键Ctrl+J复制"背景"图层，并执行"图像>自动对比度"命令。

06

松开鼠标，水印就被自动修复并与周围像素完美融合。

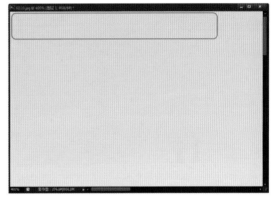

08

使用"内容感知移动工具"，设置"模式"为"移动"，沿着图像中的羊创建选区，然后将其移动到新的位置。

09

松开鼠标，并按快捷键Ctrl+D取消选区，可以看羊已经被成功移动位置了，而且选区边缘的图像也融合得很完美。

10

新建"色相/饱和度"调整图层调整草原的颜色。分别选择"绿色"和"黄色"，将"饱和度"提高30。

11

设置完成后关闭"属性"面板，发现草原的颜色更加艳丽了。最后按快捷键Ctrl+Shift+Alt+E盖印可见图层，得到"图层2"，至此完成该案例的全部操作。

> 单击"图层"面板下方的"创建新的填充或调整图层"按钮，在弹出的菜单中选择不同的命令，即可创建调整图层。

1.9

快速去除照片中的人物

前面我们已经讲解过使用"仿制图章工具"和"污点修复画笔工具"修复图像瑕疵的方法了。去除照片中多余的人物也可以使用这些修饰工具来完成,只是很容易使涂抹的像素模糊不清。使用"内容识别填充"可以一定程度上解决这个问题。

原图

1.9.1 去除人物

01

执行"文件>打开"命令,打开素材图像"第1章>素材>0111.jpg",并复制"背景"图层。

02

使用"套索工具"沿着人物创建选区,请将水中的涟漪和倒影也包含在选区中,否则去掉人物后会觉得不真实。

03

执行"编辑>填充"命令，或按快捷键Shift+F6，弹出"填充"对话框，设置"使用"为"内容识别"。

04

单击"确定"按钮稍等片刻，选区中的图像就被自动修复了，但是部分景物边缘融合得不是特别好。

1.9.2　调整整体色调

05

按快捷键Ctrl+D取消选区，然后使用"仿制图章工具"适当修补一下图像中不自然的部分。

06

接下来开始调整图像颜色。新建"色相/饱和度"调整图层，分别选择"红色"和"黄色"设置参数。

07

设置完成后关闭"属性"面板，可以看到树木、倒影和天空的颜色更加艳丽了。

08

下面新建"色彩平衡"调整图层调整图像环境光，分别选择"中间调"和"阴影"，添入不同的颜色。

09

继续选择"高光"选项，在图像高光中添入红色、洋红和黄色。设置完成后可以看到景物带上了浓浓的夕阳氛围。

10

新建"亮度/对比度"调整图层，在"属性"面板中提高亮度和对比度，使图像更加明亮清晰。

11

最后按快捷键Ctrl+Shift+Alt+E盖印可见图层，得到"图层2"，至此完成该案例的全部操作。在使用"内容识别"填充修复多余图像时，为获得最佳结果，最好能让创建的选区略微扩展到要复制的区域之中。

1.10

快速校正倾斜的照片

Photoshop CS6新增的"镜头校正"滤镜可以用来快速有效地校正照片中的镜头扭曲，如倾斜、晕影、几何扭曲和色差等。

该命令可以自动检测照片的拍摄设备，并根据设备型号的不同自动提供不同的调整参数，这为不熟悉Photoshop的用户提供了很大的便利。

原图

01

执行"文件>打开"命令，打开素材图像"第1章>素材>0112.jpg"，可以看到照片中的景物过于倾斜。

02

执行"滤镜>镜头校正"命令，弹出"镜头校正"对话框。使用"拉直工具"  沿着画面底部拉出一条线，将其定义为新的地平线。

03

倾斜校正完成后切换到"自定"选项卡，略微校正一下图像的桶形失真，并加深图像四角的晕影。

04

设置完成后单击"确定"按钮，可以看到照片中的建筑物不再倾斜了。

05

接下来对图像色调进行调整。新建"色相/饱和度"调整图层，分别在"属性"面板中选择"全图"和"黄色"设置参数值。

06

设置完成后关闭"属性"面板，图像带了一层淡淡的青色调，显得极为素雅古朴。

07

至此完成该案例的全部操作，可以看到最终的图像效果角度正适合。房屋处于图像的中心位置，画面从左到右伸展开，空间感很强。

1.11

校正照片扭曲

照片扭曲一般是因为使用特殊的镜头或拍摄角度造成的。例如使用广角镜头和鱼眼镜头拍摄的照片极易产生桶形失真和枕形失真；仰视或俯视拍摄容易使图像产生梯形失真。

使用Photoshop CS6新增的"镜头校正"命令可以快速校正照片扭曲。

原图

01

执行"文件>打开"命令，打开素材图像"第1章>素材>0113.jpg"，可以看到照片下方的草原扭曲很严重。

02

执行"滤镜>镜头校正"命令，弹出"镜头校正"对话框。选择相应的"相机制造商"和"镜头配置文件"，照片得到自动校正。

03

切换到"自定"选项卡，设置"移去扭曲"为-20，校正图像桶形失真；设置"垂直透视"为-25，校正图像透视失真。

04

设置完成后单击"确定"按钮，可以看到照片中的扭曲已经恢复正常了。

05

按快捷键Ctrl+J复制"图层0"，并执行"图像>自动对比度"命令校正图像影调，操作完成。在"背景"图层上应用"镜头校正"命令后，该图层会自动转换为普通图层。

1.12

批处理图像

原图

  Photoshop提供了很多自动处理功能，能够使操作者从大量的同质操作中解放出来，"批处理"就是其中的一个。

  "批处理"功能允许用户以指定的动作批量处理多张图像，特别适用于处理相近拍摄条件下拍摄的多张照片。

01

因为我们要把批处理得到的源文件全部放置在一个文件夹中，所以操作开始之前，首先需要创建一个文件夹。

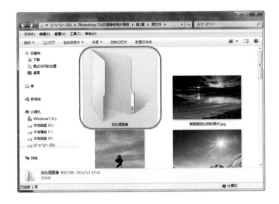

02

打开"动作"面板，单击面板右上方的按钮，在弹出的菜单中选择"图像效果"选项，载入相应的动作。

03

执行"文件>自动>批处理"命令，弹出"批处理"对话框，设置播放"组"为"图像效果"，"动作"为"渐变映射"。

04

接下来指定批处理的"源"为"文件夹"，然后单击"选择"按钮，找到素材文件夹"素材>第1章>0114"。

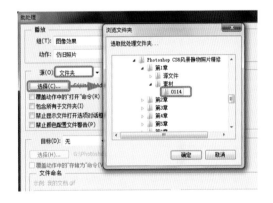

05

继续在"批处理"对话框中设置"目标"存放位置、目标命名方式，并设置"错误"为"将错误记录到文件"，并指定记录文件的位置和名称。

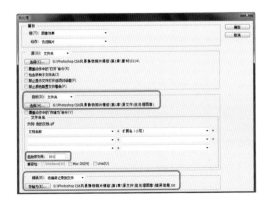

06

设置完成后单击"确定"按钮，系统开始自动批处理文件。第1张图像处理完成后弹出"存储为"对话框，选择"格式"为"PSD"，存储文件。

07

第2张图像处理完成后同样弹出"存储为"对话框，并自动记忆了第1张图像的存储格式，直接单击"保存"按钮即可。

08

5张图像全部处理完成后，打开指定的源文件存放文件夹，可以看到文件夹中有5个源文件和1个错误信息文档。

09

将这些源文件拖曳到Photoshop中即可查看图像效果，5张图像都被处理成色彩浓烈的夕阳氛围效果了，操作完成。使用"批处理"功能处理图像时，只有当前被载入"动作"面板中的动作才能用于处理图像。

1.13

录制并存储动作

　　动作是指在文件上执行的一系列操作，如菜单命令、面板选项、工具动作等。将这些操作录制为动作后，就可以重复使用相同的操作处理其他文件，达到提高工作效率的目的。

　　在Photoshop中，动作是快捷批处理的基础，而快捷批处理是一些小的应用程序，可以自动处理应用指定动作的所有文件。

原图

1.13.1　录制动作

01

执行"文件>打开"命令，打开素材图像"第1章>素材>0115.jpg"，可以看到这是一张发灰发暗的图像。

02

打开"动作"面板，单击面板下方的"创建新组"按钮，弹出"新建组"对话框，设置新组的"名称"为"校正影调"。

03

再单击"创建新动作"按钮创建新组，在弹出的"创建动作"对话框中分别设置新组的"名称"、"功能键"和"颜色"。

04

设置完成后可以看到"校正影调1"后面自动显示该动作的功能键。单击面板下方的"开始记录"按钮即可开始录制动作。

05

返回"图层"面板，单击下方的"创建新的调整或填充图层"按钮，在弹出的菜单中选择"曲线"命令。

06

弹出"属性"面板，在面板中部的直线上单击添加控制点，然后分别使用鼠标调整每个点的位置，可以看到图像变清晰了一些。

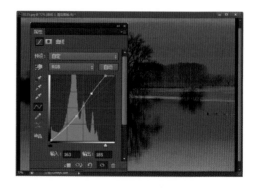

07

操作完成后打开"动作"面板，可以看到建立"曲线"调整图层和在曲线上设置了3个点的步骤被精确记录了下来。

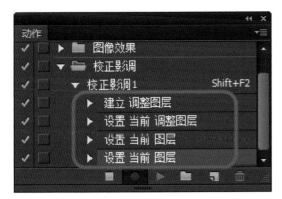

08

继续在"图层"面板中新建"色彩平衡"调整图层，分别将"红色"和"黄色"的饱和度提高。

09

因为图像中的夕阳主要由红色和黄色构成，所以提高这两个颜色的饱和度后，夕阳的氛围就会变得非常浓郁。

10

接下来新建"亮度/对比度"调整图层，弹出"属性"面板，将"亮度"提高到20，"对比度"提高到15，使图像更加明亮清晰。

11

图像影调基本正常，按快捷键Ctrl+Shift+Alt+E盖印图层，得到"图层1"，调整完成。

12

打开"动作"面板，可以看到该案例的所有操作都被录制下来了，单击面板下方的"停止播放/记录"按钮终止录制。

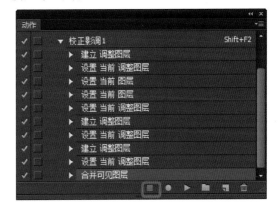

1.13.2 存储动作

13

录制完成后选中"校正影调"动作组，单击面板右上方的按钮，在弹出的菜单中选择"存储动作"选项。

14

弹出"存储"对话框，指定其存储名称为"校正影调.atn"，然后单击"保存"按钮将动作存储。

15

至此完成录制动作和存储动作的全部操作。存储动作时，必须选中相应的动作组，单个的动作是无法被存储的。如果要对图像应用某个动作，只需在"动作"面板中选中相应动作，单击"播放选定的动作"按钮即可。

Photoshop

第2章　校正照片的影调

2.1

使用"曲线"校正发暗照片

操作分析:

照片严重偏暗,画面中各种景物的空间感不足,使照片失色不少。

照片发暗通常是由于拍摄时光线不充足,或相机曝光设置不正确造成的。在Photoshop中最常用于校正照片发暗的命令是"曲线"。

"曲线"允许用户在控制图像明暗度的基线上添加最多15个控制点,对图像各个区域的明暗度进行精确控制。

原图

01

执行"文件>打开"命令,打开素材图像"第2章>素材>0201.jpg",这是一张严重过暗的照片。

02

打开"图层"面板,单击面板下方的"创建新的填充或调整图层"按钮,在弹出的菜单中选择"曲线"选项。

03

弹出"属性"面板，默认的曲线是从左下到右上的一条直线，表示曲线中没有任何调整，所以图像没有变化。

04

单击曲线正中间，添加控制点，并将控制点向上拖动，可以观察到图像的中间调大幅变亮。

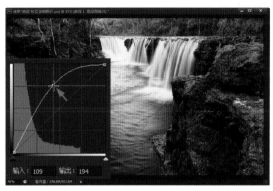

05

在曲线最上端选中控制点，并将其向左拖动，可以明显观察到图像中的高光区域变亮了很多。

06

再次单击曲线最下端的控制点，将其向右移动，可以看到图像中的阴影区域变暗。曲线上不同位置的点控制着图像中不同区域的亮度。

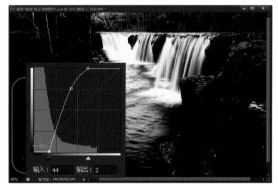

07

仔细查看图像，根据图像特征在曲线上不同的位置添加控制点，并分别对每个控制点进行调整，使图像影调恢复正常。

08

图像影调校正完成后按快捷键Ctrl+Shift+Alt+E盖印可见图层，得到"图层1"，并执行"图像>自动对比度"命令，调整图像对比度。

2.2

使用"色阶"校正灰暗照片

操作分析：

照片略微偏暗，金黄色的云彩和近处的地面黯淡无光，致使整个图像没有亮点。

风景照片发暗发灰是很常见的弊病，这和室外拍摄光线难以控制有直接的关系。后期制作时，首先应该先观察直方图，直方图精确地记录了图像中整体亮度值和单个颜色的分布状况，绝对是校正影调的好帮手。

原图

01

执行"文件>打开"命令，打开素材图像"第2章>素材>0202.jpg"，可以看到图像严重发暗。

02

按快捷键Ctrl+J将"背景"图层复制一份，并设置其"混合模式"为"滤色"，"不透明度"为60%，使图像变亮。

03

新建"色阶"调整图层，直方图显示当前图像的亮部区域严重缺少信息，而暗部区域信息充足，所以图像影调是灰暗的。

04

分别调整直方图下方的3个滑块，重新分配图像的阴影、中间调和高光区域，图像影调也会随之发生改变。

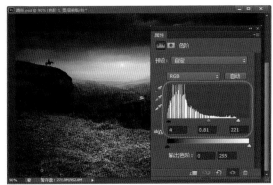

05

最后按快捷键Ctrl+Shift+Alt+E盖印图层，得到"图层2"，操作完成。"色阶"命令可以直接改变图像颜色的分布情况，所以很适合校正颜色发灰或过暗的照片。只要确保图像的直方图两侧没有断层，就可以基本保证图像影调正常。

2.3

使用"亮度/对比度"校正照片影调

操作分析：

　　图像略微有些偏暗，各种景物的细节表现不足，画面颜色饱和度不够。

　　"亮度/对比度"顾名思义，就是用于控制图像亮度和对比度的命令。"亮度/对比度"命令只能粗略校正图像影调，无法像"曲线"一样通过添加多个控制点精确控制图像影调，所以通常还需要配合其他工具使用才能得到较好的效果。

原图

01

执行"文件>打开"命令，打开素材图像"第2章>素材>0203.jpg"。这张照片有些发暗，但图像对比度正常。

02

新建"亮度/对比度"调整图层，弹出"属性"面板，将"亮度"提高70，可以看到图像明亮了很多，但阴影区域仍然较暗。

03

按快捷键Ctrl+Shift+Alt+E盖印可见图层，得到"图层1"。

04

使用"减淡工具"，在"选项"栏中设置"范围"为"阴影"，"曝光度"为30%，然后在图像中的阴影区域适当涂抹。

05

继续使用"减淡工具"减淡图像中过暗的区域，操作完成。为了快速校正图像亮度和对比度，也可以单击"属性"面板中的"自动"按钮自动校正图像影调。

2.4

使用图层"混合模式"校正照片

操作分析：

　　照片偏暗，整体对比度不够，导致图像发灰。岩石的质感不足，颜色不浓郁。

　　图层"混合模式"可以特定的算法对当前图层与下方图层像素进行混合，从而使图像产生各种不同的颜色效果。Photoshop中的图层"混合模式"共有27种，其中"叠加"可以大幅提高图像对比度；"滤色"可以大幅屏蔽图像中的黑色像素。

原图

01

执行"文件>打开"命令，打开素材图像"第2章>素材>0204.jpg"。

02

按快捷键Ctrl+J复制"背景"图层，得到"图层1"。设置该图层"混合模式"为"叠加"，图像变暗了很多，但对比度提高了。

03

再次复制"图层1"，得到"图层1副本"，修改该图层混合模式为"滤色"，可以看到图像变明亮了。

04

新建"色阶"调整图层，弹出"属性"面板，略微提高图像的对比度，使图像更加清晰。

05

新建"色相/饱和度"调整图层，在"属性"面板中选择"黄色"，将饱和度提高28，可以看到图像中的岩石颜色更加艳丽了。最后按快捷键Ctrl+Shift+Alt+E盖印图层，得到"图层2"，操作完成。

2.5

使用"阴影/高光"校正逆光照片

操作分析：

照片是逆光拍摄的，天空的颜色太浅，花朵的阴影过重。

正常拍摄景物时，光线应该从被摄物体的前方照射。如果光线从物体后方照射过来，拍出的照片就会出现主体发黑，背景发亮的情况。"阴影/高光"命令就是针对这种情况进行调整的。

"阴影/高光"基于阴影或高光中的周围像素增亮或变暗，从而校正图像的明暗色调。

原图

2.5.1 校正影调

01

执行"文件>打开"命令，打开素材图像"第2章>素材>0205.jpg"，并复制"背景"图层。

02

执行"图像>调整>阴影/高光"命令，在"阴影/高光"对话框中将图像中的"阴影"减少60%，"高光"增加30%。

03

单击"确定"按钮，花朵颜色变亮了不少，而蓝天暗了下来，这样就基本接近正常光线下拍摄的影调了。

04

新建"曲线"调整图层，将图像中的高光稍微提亮一些，使图像的对比度增加一些。

2.5.2 调整整体色调

05

继续选择"红"通道，在图像高光中添入少许青色。选择"蓝"通道，在图像阴影中添入黄色，高光中添入蓝色。

06

设置完成后关闭"属性"面板，可以观察到天空的颜色更加冷了，花朵和叶子的颜色则变暖了一些。

07

新建"选取颜色"调整图层，分别在"颜色"下拉
列表中选择"红色"和"青色"，精确调整图像中
的相应颜色。

08

继续选择"蓝色"和"洋红"选项，分别调整各项
参数的值。

09

最后选择"中性色"，在图像的中性色中添入洋
红。关闭"属性"面板，可以发现图像的色调已经
很漂亮了。

10

按快捷键Ctrl+Shift+Alt+E盖印图层，在图层最上方得
到"图层2"。

2.5.3　减少杂色

11

照片中的天空原本颜色很亮，使用"阴影/高光"命
令将其强迫压暗后，就出现了很明显的杂色，这大
大降低了图像品质。

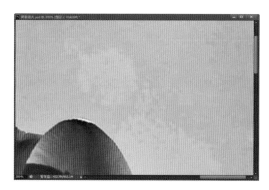

12

执行"选择>色彩范围"命令，分别使用对话框中的
两个滴管 🖋 和 🖋，在图像中不同的蓝天部分单击。

13

单击"确定"按钮，图像中的蓝天就基本被选中了。"色彩范围"命令可以将图像中不连续的、特定颜色的像素全部选中。

14

执行"滤镜>杂色>减少杂色"命令，弹出"减少杂色"对话框。仔细调整各项参数的值，直到天空中的色斑基本消除。

15

单击"确定"按钮关闭对话框，发现花朵边缘出现了晕染。打开"历史记录"面板，将历史记录画笔的源停放在"盖印可见图层"步骤，并使用"历史记录画笔工具"仔细涂抹花朵边缘，将晕染消除，再调整一下其他细节，图像调整就完成了。

"历史记录画笔"可以将指定状态的图像涂抹到当前图层中，常被用于局部恢复图像。

2.6

使用"阴影/高光"压暗过亮照片

操作分析：

  图像影调严重发灰，高光和中间调过亮，缺乏细节，颜色不够艳丽。

  一般在阴天拍摄很容易拍出这种阴影区域正常，高光过亮，色调发灰的照片。

  遇到这样的照片免不了要提高图像对比度，这样一来就会出现过曝区域。此时，就可以使用"阴影/高光"单独压暗高光。

原图

2.6.1　大致校正影调

01

执行"文件>打开"命令，打开素材图像"第2章>素材>0206.jpg"，并复制"背景"图层。

02

执行"图像>自动对比度"命令大致校正图像影调，可以看到天空和山峰的明暗反差过大，而且有过曝的区域。

2.6.2　精确渲染图像色调

03

执行"图像>调整>阴影/高光"命令，弹出"阴影/高光"对话框，勾选"显示更多选项"，然后适当设置参数值。

04

接下来开始调整图像色调。新建"色相/饱和度"命令，分别选择"全图"和"红色"提高饱和度。

05

继续在"属性"面板中选择"黄色"，将"饱和度"提高50。经过一番调整的图像颜色鲜艳了不少。

06

图像下方的水面太灰太亮，有些压不住大面积的天空。使用"矩形选框工具"沿着水面大致创建选区。

07

新建"曲线"调整图层，适当压暗选区内图像的中间调，并略微提亮高光。这样图像就相对清晰一些了。

08

选中该图层蒙版，使用黑色柔边画笔将水面和山峰之外的区域涂抹出来。

2.6.3 点缀图像

09

接下来在天空中添加月牙。新建"图层2"，使用"椭圆选框工具"在图像中创建一个选区，并填充白色。

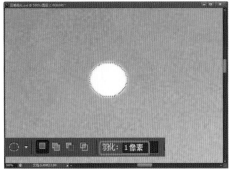

10

再次创建一个椭圆选区，按Delete键删除选区内的图像，月牙就制作完成了。

11

操作完成后按快捷键Ctrl+Shift+Alt+E盖印可见图层，得到"图层3"。

12

此时天空还是有一部分过亮。设置"前景色"为RGB（250、186、125），使用"画笔工具"轻轻涂抹过亮的区域。

13

执行"图像>自动颜色"命令略微校正一下图像色调，使图像整体颜色更加协调。

14

最后执行"滤镜>锐化>USM锐化"命令，弹出"USM锐化"对话框，适当设置参数值，对图像进行锐化。

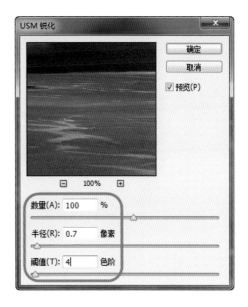

15

单击"确定"按钮关闭对话框，得到最终图像效果，操作完成。在这里提醒一下，为了方便读者看清楚各项参数设置，03步骤中的"阴影/高光"对话框是经过裁剪的。另外，"阴影/高光"对图像中的纯白色和纯黑色不起作用。

2.7

控制图像饱和度

操作分析：

画面整体颜色不够艳丽，对比度略微有
些不足，空间感不足。

一张色彩鲜艳的片子总是比色彩灰暗
的片子更吸引人，就像我们走在大街上，
总是一眼就注意到穿红色衣服的人一样。
Photoshop中的"自然饱和度"命令可以同时
控制图像的"自然饱和度"和"饱和度"，
使照片颜色明艳亮丽。

原图

01

执行"文件>打开"命令，打开素材图像"第2章>素
材>0207.jpg"。这是一张很美的照片，可惜照片色
彩不够浓郁。

02

新建"自然饱和度"调整图层，在"属性"面板中
将"饱和度"提到最高，图像颜色过度饱和，花朵
部分色彩溢出。

03

重新将图像的"自然饱和度"加至最高，图像颜色极为浓郁自然。因为"自然饱和度"只提纯图像中颜色不饱和的像素。

04

新建"曲线"调整图层，将图像颜色整体提亮一些，照片看起来更加亮丽纯净。

05

最后按快捷键Ctrl+Shift+Alt+E盖印图层，得到"图层1"，图像调整完成。"自然饱和度"只针对图像中的不饱和像素进行调整，对于鲜艳的颜色则不再进行调整，所以不会使图像产生溢色，是很常用的命令。

2.8

控制特定颜色的饱和度

操作分析：

　　照片中阴影部分过暗，导致石头和远山的细节表现不足，明暗过渡不自然。

　　"色相/饱和度"命令不仅允许用户对全图的饱和度进行控制，还允许针对图像中6大主要颜色的饱和度进行调整。

　　在本案例中，当图像被提亮之后，原图中很清晰的火烧云颜色也被削弱了。此时就可以通过单独提高红色饱和度的方法将云朵的颜色找回来。

原图

01

执行"文件>打开"命令，打开素材图像"第2章>素材>0208.jpg"，并复制"背景"图层，得到"图层1"。

02

将"图层1"的"混合模式"设置为"滤色"，"不透明度"设置为40%。图像中的黑色被大幅屏蔽，所以变亮了一些。

03

新建"曲线"调整图层，将中间调提亮，阴影稍微压暗一些。图像立刻明净清晰了很多，感觉像从雾气中走出来了一样。

04

新建"色相/饱和度"调整图层，选择调整范围为"红色"，并将"饱和度"提高20，可以看到图像中的云明显鲜艳了很多。

05

选择调整范围为"黄色"，将黄色的饱和度提高60；再选择"蓝色"，将其饱和度提高15。

06

最后将全图饱和度提高10，可以看到图像中各种景物的色彩都极其浓郁，暖的云、冷的水相互掩映，意境十足。

07

图像影调调整完成，按快捷键Ctrl+Shift+Alt+E盖印可见图层，得到"图层2"。

08

执行"滤镜>锐化>USM锐化"命令，对图像进行锐化。因为该图像中山峦和石头的小细节很多，所以锐化幅度要大一些。

09

这样这张照片的调整就收尾了。当然了，可能觉得把它调得更暗一些会更美，因为毕竟是傍晚的景色，这就是见仁见智的事了。但有一点可以肯定，不管是明是暗，如果火红的云彩表现不够，这张片子一定会失色不少。

一般火烧云中不光有红色，黄色的烘托作用也绝对不可忽略，如果只提纯红色，夕阳氛围通常会很单薄。

2.9

校正图像偏色

操作分析：

　　图像整体色调偏黄，草叶和露珠的质感表现不足，前景和背景对比不足。

　　偏色通常是由于异常的天气氛围和错误的白平衡设置造成的。

　　Photoshop中专用于校正图像偏色的命令是"色彩平衡"。"色彩平衡"可以分别在图像的阴影、中间调和高光中添入6大主要颜色，从而不同程度上影响图像的环境光。

原图

01

执行"文件>打开"命令，打开素材图像"第2章>素材>0209.jpg"，并复制"背景"图层。

02

执行"图像>自动色调"命令，初步校正一下图像色调。

03
新建"色彩平衡"调整图层，在中间调中添入大量绿色，以及微量的青色和蓝色，不难发现图像已经明显变绿了。

04
继续选择"阴影"和"高光"，并分别在相应色调中添入不同的颜色，以影响图像颜色。

05
设置完成关闭"属性"面板，可以看到图像色调已经完成改头换面了，青草由原本的灰黄暗淡变得青翠欲滴。

06
图像校色基本完成，按快捷键Ctrl+Shift+Alt+E盖印图层，得到"图层2"。

07
最后再次执行"图像>自动色调"命令，轻微调整一下色偏，至此完成图像偏色的校正。景物受光影响后的颜色变化很复杂，很可能调整到最后得到的还是一张偏色照片，使用"自动色调"微调一下是个不错的办法。

2.10

使用"曲线"校正偏色照片

操作分析：

　　图像色调偏红偏黄，树木的苍翠和水面清澈的质感表现不足。

　　除了使用"色彩平衡"校正图像偏色之外，"曲线"也是常用于校正色偏的命令。它比"色彩平衡"操作困难，但调整精确度更高。

　　"曲线"命令共有4个通道，其中"RGB"复合通道用于控制图像明暗分布，"红"、"绿"、"蓝"通道则用于控制图像中3种原色的分布。

原图

2.10.1 整体校正色偏

01

执行"文件>打开"命令,打开素材图像"第2章>素材>0210.jpg"。这张照片影调有些发灰,颜色偏黄。

02

新建"曲线"调整图层,在"属性"面板中选择"红"通道,在图像高光中略微添加一些青色,天空和水面显得清澈了一些。

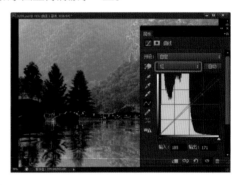

03

在"属性"面板中选择"绿"通道,在图像高光中添入大量的绿色,可以看到图像严重偏绿了。

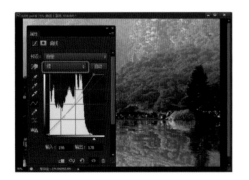

04

继续在"属性"面板中选择"蓝"通道,在图像中间调中添入一些蓝色。此时,图像色调基本正常了。

2.10.2 细致校正局部色彩

05

最后选择"RGB"复合通道,添加多个控制点仔细调整图像整体明暗,使图像更清晰一些。

06

现在开始协调图像局部色调。新建"色相/饱和度"调整图层,分别在"属性"面板中选择"全图"和"黄色"并设置参数值。

07

继续在"属性"面板中选择"青色",降低图像中青色的明度。调整之后的图像颜色稍微柔和了一些。

08

使用"套索工具",在"选项"栏中设置"羽化"为40像素,在树丛顶部略微偏青的部分创建选区。

09

新建"曲线"调整图层,在"属性"面板中分别选择"红"通道和"蓝"通道,并根据实际情况添入不同的颜色。

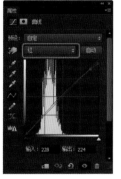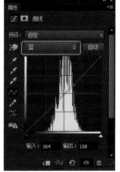

10

继续在"属性"面板中选择"RGB"复合通道,略微压暗图像的阴影区域。

11

最后按快捷键Ctrl+Shift+Alt+E盖印可见图层,得到"图层1",至此完成该案例的全部操作。使用"曲线"校正图像偏色往往需要反复修改不同通道中的参数,比"色彩平衡"难控制。

2.11

局部调整图像

操作分析：

  图像影调发灰发暗，颜色不够艳丽，花瓣上有小瑕疵，影响了画面美观。

  拍摄照片时，局部给光不充足会造成照片明暗像素分布不均匀，有的区域正常，有的区域过暗的尴尬。对于这样的照片，就需要分别针对不同的区域进行调整。

  局部调整图像是一个很好的处理思路。可顺着自己的主观意愿在图像中创建多个选区，再把各个选区调成不同的样子，能获得意外的惊喜。

原图

2.11.1　整体校正影调

01

执行"文件>打开"命令，打开素材图像"第2章>素材>0211.jpg"，并将"背景"图层复制一份。

02

执行"图像>自动对比度"命令。该命令可以自动将图像中最亮的颜色变为白色，最暗的颜色变为黑色。这样图像对比度就增加了。

03

感觉图像颜色有些旧。新建"选取颜色"调整图层，重新调整花朵的洋红色和叶子的黄色。

04

设置完成后关闭"属性"面板，花朵和绿叶娇嫩翠绿的质感就基本成型了。注意花的颜色不宜过浓，否则会显得很重的样子。

2.11.2　调整局部影调

05

新建"色彩平衡"调整图层，选择"高光"选项，在图像高光中添入洋红和蓝色，使花朵颜色变冷。

06

使用"椭圆选框工具"，在"选项"栏中设置"羽化"为20像素，沿着花心创建选区，因为我们要单独调整这一块。

07

不要取消选区，新建"曲线"调整图层，将选区中的图像大幅提亮，选区会自动被添加到当前调整图层的蒙版中。

08

感觉图像有一点暗，再新建一个"曲线"调整图层，对图像整体进行提亮，这样感觉花瓣更纤薄透明。

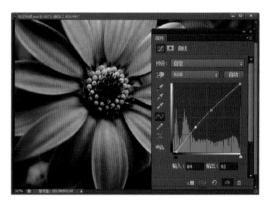

09

选中该调整图层的蒙版，使用黑色的柔边画笔，将花瓣边缘过亮的高光区域涂抹出来。这样可以保证花瓣颜色过渡自然。

10

按快捷键Ctrl+Shift+Alt+E盖印图层，在图层最上方得到"图层2"。

11

图像调整完成，最后执行"滤镜>锐化>USM锐化"命令，对图像进行锐化，使花瓣的边缘和花心等细节更加清晰。对图像进行锐化的尺度以不使图像产生额外的噪点为宜。

Photoshop

第3章 图像调色技法

3.1

打造娇艳的红色郁金香

操作分析:

黄色的郁金香颜色不够艳丽,将其调成红色会更漂亮。天空的颜色有些发灰,将其调成清澈的蓝色可以大幅提升美观度。

自然界的风光总是随着季节、气候和时间的变化而形态万千,你不能期望在夏天拍到雪景,或在正午看到夕阳。但是完善的数码照片处理技术却可以随时实现这些效果。

前面已经讲解过使用"色相/饱和度"命令提高图像特定颜色的饱和度,改变图像局部颜色也可以通过它来完成。

原图

01

执行"文件>打开"命令,打开素材图像"第3章>素材>0301.jpg",这里要把图像中黄色的郁金香调整为红色。

02

新建"色相/饱和度"调整图层,选择调整范围为"黄色",并调整各项参数值,使图像中的黄色变为红色。

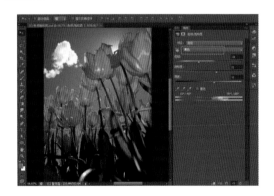

03

在"属性"面板下方的颜色条中轻微调整4个滑块的位置,尽量使叶子的颜色恢复原样。这4个滑块用于精确控制调整颜色的范围和容差。

04

此时叶子还有一部分区域受到了调整的影响。选中该图层蒙版,使用黑色柔边画笔仔细将叶子涂抹出来。

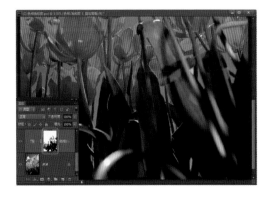

05

改变颜色的操作基本完成了，接下来新建"选取颜色"调整图层对图像整体颜色进行优化。分别选择"红色"和"黄色"进行调整。

06

刚刚调整"红色"和"黄色"主要是控制花朵的颜色，现在继续选择"青色"和"蓝色"，精确调整天空的颜色。

07

参数设置完成后关闭"属性"面板，可以看到花的颜色更加鲜艳，天空也变成了湛蓝色。按快捷键Ctrl+Shift+Alt+E盖印可见图层，得到"图层1"，至此完成该图像的调整。

在"色相/饱和度"面板中调整颜色容差值时，颜色条上方的2组数字指示了4个滑块当前所在的位置。

3.2

快速替换图像局部颜色

操作分析:

图像颜色不够鲜艳亮丽, 将红色的果实替换成黄色更能直观地体现出秋天的气候氛围。

上一个案例中详细说明了使用"色相/饱和度"命令改变图像局部颜色的方法,"替换颜色"命令也适用于改变图像特定颜色区域的颜色。

原图

3.2.1 替换颜色

01

执行"文件>打开"命令, 打开素材图像"第3章>素材>0302.jpg", 并将"背景"图层复制。

02

执行"图像>调整>替换颜色"命令, 打开"替换颜色"对话框, 使用滴管单击图像中的红色果实, 并在对话框中调整参数值。

03

设置完成后单击"确定"按钮，图像中的红色果实被替换为黄色了，但是鸟身上的羽毛和树枝也受到了轻微的影响。

04

使用"历史记录画笔"仔细涂抹受波及的区域，将其恢复到原来的样子。

3.2.2　调整整体色调

05

新建"色彩曲线"调整图层，将图像的中间调和高光提亮，阴影压暗，这样图像的对比度就增加了。

06

因为提亮了高光，导致鸟身上的白色羽毛有些过曝。选中该图层蒙版，使用黑色画笔将白色羽毛涂抹出来。

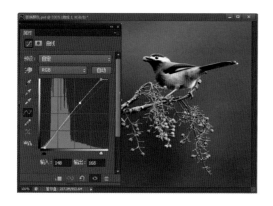

07

图像稍微有些偏冷，新建"色彩平衡"调整图层，分别在"中间调"和"高光"中添入不同的颜色。

08

设置完成后关闭"属性"面板，图像颜色已经暖起来了，尤其是绿色的背景明显带了黄色。

09

新建"自然饱和度"调整图层，将图像的饱和度提高。浓郁的色彩更能体现出画面清爽生动的气息。

10

调整基本完成，按快捷键Ctrl+Shift+Alt+E盖印可见图层，得到"图层2"。

11

执行"滤镜>锐化>USM锐化"命令，对图像进行轻微的锐化。这张照片中有很多细碎的树枝，而且像素本身并不高，所以锐化一定要点到即止。

　　"USM"锐化在系统判定的边缘两侧分别生成一条白色和黑色的线，使其看起来更锐利，大幅度锐化过于细碎的边缘会导致杂色产生。

3.3

调出美丽的黄昏

操作分析：

　　此处的图像影调严重发灰发暗，颜色不够鲜艳，丝毫感受不到黄昏的氛围。

　　黄昏的照片最主要的就是体现出浓艳的云彩和金黄的夕阳，而现实上要拍摄到这样的美景实在可遇不可求。

　　其实只要取景和曝光正常，我们完全可以通过后期来渲染天气氛围。

原图

01

执行"文件>打开"命令，打开素材图像"第3章>素材>0303.jpg"。这是张黄昏时拍摄的照片，可惜照片的影调和色调一塌糊涂。

02

新建"色阶"调整图层，可以判断出图像的高光严重缺乏。校正图像的色阶，使图像变得更明亮和清晰。

03

新建"色相/饱和度"调整图层，将图像中"红色"的饱和度提高45，"黄色"的饱和度提高64。这是为了使云彩颜色更鲜艳。

04

再将"蓝色"的饱和度提高35，将"全图"饱和度提高30。这是为了使天空颜色更艳丽，从而强化夜的氛围。

05

设置完成，关闭"属性"面板。此时照片中各种景象的颜色已经基本成型了，但是画面空间感还不够强。

06

使用"魔棒工具"，在"选项"栏中设置"容差"为25，然后在树枝上选择像素。

07

执行"选择>选取相似"命令扩展选区，图像中极其细碎的树枝大部分被选中了。这个命令十分适合选择颜色单一的树枝。

08

新建"曲线"调整图层，提高图像对比度。因为细碎的树枝被归入阴影范围，压暗会失去若隐若现的美感，所以要将其排除在调整之外。

09

新建"自然饱和度"调整图层，将图像的饱和度提高。图像中夕阳的颜色更浓郁了，但天空的颜色过于厚重。

10

选中该图层蒙版，按快捷键Ctrl+I将其反向，再使用白色的柔边画笔将夕阳和云彩涂抹出来。这样图像颜色就正常了。

11

调整完成，最后按快捷键Ctrl+Shift+Alt+E盖印可见图层，得到"图层1"。在调整过程中，对树枝的处理是一个小亮点，"选取相似"命令虽然无法像"色彩范围"产生的效果一样，但对于本案例来说已足够。

3.4

调出明净的雪景照片

操作分析：

    图像的整体色调不够冷，无法充分体现出凉意。雪的颜色不够亮，背景颜色不够暗，导致画面空间感不强。

    "照片滤镜"命令模拟在相机镜头前面加彩色滤镜，以改变照片色彩平衡和色温。

    "照片滤镜"的设置方式有两种：勾选"滤镜"选项可以选择系统预设的滤镜为图像应用；勾选"颜色"选项可以打开拾色器自定义滤镜颜色。

原图

01

执行"文件>打开"命令，打开素材图像"第3章>素材>0304.jpg"，并复制"背景"图层。

02

设置"图层1"的"混合模式"为"柔光"，"不透明度"为50%。"柔光"模式可以屏蔽图像中的灰色，使照片更清晰。

03

为该图层添加图层蒙版，使用黑色的柔边画笔将背景中过深的区域和鸟涂抹出来，使图像颜色过渡更加柔和。

04

新建"照片滤镜"调整图层，为图像添加"冷却滤镜LBB"，设置"浓度"为25%，可以看到图像变冷了不少。

05

图像略微有些偏洋红，新建"色彩平衡"调整图层，分别选中"中间调"和"阴影"添入不同的颜色。

06

接下来选择"高光"选项，在图像高光中添入青色、洋红和黄色，使树枝上的积雪看起来更加明亮。

07

图像调整基本完成，按快捷键Ctrl+Shift+Alt+E盖印可见图层，得到"图层2"。

08

执行"滤镜>锐化>USM锐化"命令，对图像进行锐化。这张照片中的细碎树枝很多，不宜大幅度锐化。

09

至此完成该图像的调整工具。最终完成的图像清晰明亮，前景的树枝挂满晶莹的雪花，亭亭玉立于眼前。而冰蓝色的背景则很好地烘托了画面冰凉的氛围，使人仿佛置身于冬日大雪初过的清晨。

3.5

调出幽深明丽的紫调

操作分析：

　　这张照片的问题是过于灰暗，图像整体颜色不够明艳，只能略微从天空和水面中看出一丝淡淡的绯红。

　　处理时我们只需一一排除上述问题，着重体现出水面和天空遥相呼应的感觉，然后注意不要将鱼肚白的天空部分调得过曝即可。

原图

01

执行"文件>打开"命令，打开素材图像"第3章>素材>0305.jpg"，复制"背景"图层。

02

执行"图像>自动对比度"命令或按快捷键Ctrl+Shift+Alt+L，自动校正图像对比度，可以看到图像立刻清晰了不少。

03

设置该图层"混合模式"为"滤色","不透明度"为90%，使图像大幅变亮。

04

新建"曲线"调整图层调整图像色调，选择"红"通道，在阴影中添入青色；选择"绿"通道，在中间暗调和高光中添入洋红色。

05

继续选择"RGB"通道将图像适当压暗，此时图像已经呈现漂亮的紫色调了。

06

接下来要加深天空的紫色。新建"图层2"，设置"前景色"为RGB（122、116、119），使用大号柔边画笔在天空处进行涂抹。

07

设置该图层"混合模式"为"颜色加深","不透明底"为30%，天空呈现出一种非常瑰丽的粉红色。

08

接着对图像色调做最后调整。新建"色彩平衡"调整图层，分别选择"中间调"和"阴影"选项添入不同的颜色。

09

再选择"高光"选项，在图像高光中添入青色、绿色和黄色。这样图像中阴影、中间调和高光的层次就拉开了。

10

调整基本到位了，按快捷键Ctrl+Shift+Alt+E盖印可见图层，得到"图层3"。

11

执行"滤镜>锐化>USM锐化"命令，对图像进行大幅锐化。这张照片中有很多景物的边缘不清晰，像山脉、树木、栏杆、水草和石墙，适度锐化可以使这些景物显得更加清晰。

"颜色加深"模式用于查看每个通道中的颜色信息，并通过增加二者对比度使下方图层颜色变暗，以反映出当前图层颜色。

3.6

打造微凉的清晨

操作分析：

　　照片颜色有些发暗发灰，颜色不够冷，树叶的黄色不够亮丽，整个图像没有亮点。

　　这张照片拍于清晨，太阳还没有完全升起，照片近处和远处都是丛林，微寒的晨雾缭绕于山间，巧妙地隔开了近景和远景，营造出一种极其梦幻飘渺的感觉。

　　照片中叶子的颜色是除大片蓝色之外的唯一颜色，后期处理时我们需要让它们更明显。

原图

01

执行"文件>打开"命令，打开素材图像"第3章>素材>0306.jpg"。这是一张清晨拍摄的照片，我们需要进一步强调图像的清冷感觉。

02

新建"曲线"调整图层，将图像适度提亮一些，使图像中的景物看起来更清晰。

03

继续选择"绿"通道，在图像中添入一些绿色，再选择"蓝"通道，在图像中添入蓝色的互补色——黄色。

04

设置完成后关闭"属性"面板，可以看到雾气变得更加透明轻薄，叶子的颜色也醒目了不少。

05

新建"选取颜色"调整图层，分别选择"红色"和"黄色"，对叶子的颜色进行调整，使它们从冷色背景中脱离出来。

06

继续选择"青色"和"蓝色"对雾气的颜色进行调整。这一步将直接影响最终图像效果。

07

最后选择"中性色"，在图像中大面积添加青色和蓝色。这样画面中冰凉的氛围就更浓了。

08

接下来要想办法将树叶提亮。打开"通道"面板，按Ctrl键单击"红"通道缩览图载入选区（红通道的叶子和背景颜色反差大）。

09

选中RGB复合通道返回"图层"面板，新建"曲线"调整图层，将图像大幅提亮，并顺便调色。

10

继续选择"蓝"通道调整曲线。现在叶子倒是明亮了不少，但是周围环境也被调亮了，完全没有了清晨的朦胧感觉。

11

选中该调整图层的蒙版，按快捷键Ctrl+L调出"色阶"对话框，大幅度修剪阴影。

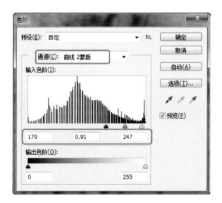

12

单击"确定"按钮，可以看到图像中除树叶之外的区域全部都恢复原样了，图层蒙版也完全变成黑色的了。

13

新建"图层1"，使用"渐变工具"在图像上方的天空填充颜色RGB（168、233、252）到透明的线性渐变。

14

设置该图层"混合模式"为"正片叠底"，使填充的青色融合到图像中。

15

最后按快捷键Ctrl+Shift+Alt+E盖印可见图层，得到"图层2"。执行"滤镜>锐化>USM锐化"命令，对图像进行轻微的锐化，得到最终图像效果。

> 除了在"通道"面板中载入通道选区之外，也可以执行"图像>应用图像"命令，直接将不同图层的通道应用到当前蒙版中。

3.7

调出高品质黑白片

操作分析：

　　这张照片很美，色调没有缺陷，但是摒弃颜色后可以更好地体现景物的内在和宁静。

　　某种程度而言，黑白图像是比彩色照片艺术感浓厚的表现形式，它摒弃华丽的外衣，只保留画面中最真实的东西，简单、纯净、发人深思。

原图

3.7.1　黑白转换

01

执行"文件>打开"命令，打开素材图像"第3章>素材>0307.jpg"。这张照片本身就很美，希望转为黑白片后不会太逊色。

02

新建"通道混合器"调整图层，勾选"单色"选项，然后分别选取每种颜色通道的百分比，使得到的黑白图像尽可能清晰。

3.7.2 刻画局部细节

03

此时得到的黑白图像似乎有些亮，不能很好地体现出静谧幽远的感觉。新建"色阶"调整图层，将图像略微压暗一些。

04

选中该调整图层的蒙版，将水岸交界处和远处山峦过暗的部分涂抹出来。这是为了保证图像中的颜色过渡流畅。

05

现在对近景的堤岸进行处理。再新建一个"色阶"调整图层，提高图像对比度，直至岸上的小花清晰可辨。

06

现在其他部分的颜色过渡有些僵硬。选中该调整图层的蒙版，使用黑色画笔将堤岸之外的部分涂抹出来，使其恢复正常。

07

刻画基本到位，按快捷键Ctrl+Shift+Alt+E盖印可见图层，得到"图层1"。

08

执行"滤镜>锐化>USM锐化"命令对图像进行锐化，使图像中花草和岩石等细碎的纹路更加清晰。

3.8

打造小景深照片效果

操作分析：

　　图像的颜色过于艳丽，前景和背景对比过于明显，不能很好地体现出含蓄的感觉。右侧的小花形状和位置不够理想，影响了画面美观。

　　"镜头模糊"可以在图像中添加模糊，从而使图像中的一些对象在焦点内，而使另一些区域变模糊。这种方法可以有效地集中画面的主体内容，达到凝练主旨的目的。

原图

01

执行"文件>打开"命令，打开素材图像"第3章>素材>0308.jpg"，并复制"背景"图层。

02

执行"滤镜>模糊>镜头模糊"命令，弹出"镜头模糊"对话框，为图像添加模糊效果。

03

单击"确定"按钮，为该图层添加蒙版，使用黑色柔边画笔将画面中心的花朵涂抹出来。此时画面中只有这朵花是清晰的。

04

新建"自然饱和度"调整图层，将画面饱和度降下来。不饱和的色彩和胶片质感的颗粒使图像显得微微发旧。

05

现在开始精调图像色调。新建"曲线"调整图层，分别选择"绿"通道和"蓝"通道，添入不同的颜色。

06

最后选择"RGB"复合通道，仔细调整一下图像整体亮度。此时图像附上了一层淡淡的紫蓝色调。

07

中间花朵的颜色过渡单一，立体感不够强。使用"磁性套索工具"小心沿着花朵边缘移动，将其大致选取出来。

08

保持选区，新建"色彩平衡"调整图层，分别选择"中间调"和"阴影"仔细调整颜色，将花朵色调拉开。

09

设置完成后关闭"属性"面板，最后按快捷键Ctrl+Shift+Alt+E盖印可见图层，得到"图层2"。可以根据需要略微锐化一下图像。至此，一张略带忧郁和文艺感觉的图像就调整完成了。

3.9

打造绚丽的暮色氛围

操作分析:

　　画面颜色严重偏青,云彩的颜色不够浓郁,夕阳的温暖华丽感觉被大幅削弱。

　　"可选颜色"可以精确控制图像中每个主要原色成分中的各种颜色,它可以调出极为微妙的颜色。可以使用"可选颜色"命令分别调整图像中的红、绿、蓝、青、洋红、黄、黑、白和中性色,而不会影响到其他的颜色。

原图

01

执行"文件>打开"命令,打开素材图像"第3章>素材>0309.jpg",这是一张有些偏青的照片。

02

首先校正一下图像中的色偏。新建"色彩平衡"调整图层,分别选择"中间调"和"阴影"选项,调整各项参数值。

03

继续选择"高光"选项，在图像高光中加入洋红和黄色。设置完成后，能看到图像中的海面和天空镀上了淡淡的金黄色。

04

接下来新建"选取颜色"调整图层，分别选择"红色"和"黄色"设置参数。图像中的云彩主要由红色和黄色构成。

05

继续选择"青色"，减去青色、黄色，增加黑色。选择"中性色"，在图像中间调中加入黄色和黑色。

06

设置完成，关闭"属性"面板。此时图像中的云彩已经变成非常夸张的金黄色了。

07

再次新建"选取颜色"调整图层，选择"红色"和"黄色"，对云彩颜色进行进一步的强化。

08

继续选择"白色"，在图像高光中添入绿色和黄色。选择"中性色"，在图像中间调中添入青色、洋红和黄色。

09

关闭"属性"面板，图像经过第二个"选取颜色"调整后，金黄色的氛围更浓了，连天边的薄云都镀上了金色。

10

调整基本完成，按快捷键Ctrl+Shift+Alt+E盖印可见图层，得到"图层1"。

11

执行"图像>自动色调"命令自动校正一下图像颜色。最后执行"滤镜>锐化>USM锐化"命令，对图像进行锐化，这张照片中只需锐化图像中部的海浪即可。

> "可选颜色"中的"相对"按照总量的百分比更改现有颜色的总量，调整效果轻微；"绝对"则采用绝对值调整颜色，调整效果明显。

3.10

调出高清HDR照片效果

操作分析:

  图像颜色略微有些偏青,树干的颜色不够温暖,纹理不清晰,质感有些单薄。

  "应用图像"命令可以将单独或复合图层的某个通道与当前图层混合,以创建出颜色过渡自然的效果。当然它也可以将不同的通道直接应用为图层蒙版。

  将通道复制到"图层"面板中也可以实现相同的效果,但使用"应用图像"操作更快。

01

执行"文件>打开"命令，打开素材图像"第3章>素材>0310.jpg"，并将"背景"图层复制一份。

02

执行"图像>调整>去色"命令，或直接按快捷键Ctrl+Shift+U将图像去色。

03

设置该图层"混合模式"为"柔光"，"不透明度"为80%。这样老树干上粗糙的纹理就显得更加生动了。

04

树干的暗部区域似乎太深了，完全看不到细节。新建"色阶"调整图层，将阴影区域提亮一些。

05

接下来调整树干的颜色。新建"色彩平衡"调整图层，分别选择"中间调"和"阴影"调整参数。

06

继续选择"高光"，添入青色和黄色。设置完成后可以看到树干变为枯黄色了。

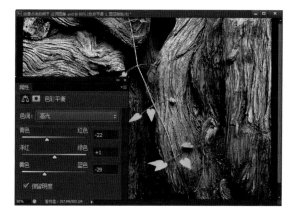

07

新建"照片滤镜"调整图层，为图像添加"深褐"滤镜，设置"浓度"为70%。这样可以使树干颜色显得更沧桑。

08

原本翠绿的叶子也变得灰黄了，这不是我们想要的。执行"选择>色彩范围"命令，使用滴管单击叶子，将其纳入选区。

09

选中"照片滤镜1"的蒙版，为选区填充黑色，将叶子恢复到原来的样子。

10

将该图层复制，并更改其"混合模式"为"叠加"，"不透明度"为50%，树干的阴影暗的有些过分了。

11

选中该图层的蒙版，执行"图像>应用图像"命令，将复合图层的"绿"通道应用为蒙版（因为绿通道中的阴影区域颜色更深）。

12

单击"确定"按钮，图像中的阴影区域正常了，但叶子还是黄色的。载入下方图层蒙版的选区，反向后填充黑色，叶子也恢复正常了。

13

接下来新建"选取颜色"调整图层，分别选择"红色"和"黄色"进行调整，这是为了精确调整树干的质感。

14

调整完成后关闭"属性"面板，树干带了一点点金属质感。复制"照片滤镜1"的蒙版到该图层，使叶子恢复颜色。

15

这张照片调整到这里就告一段落了，最后按快捷键Ctrl+Shift+Alt+E盖印图层，得到"图层2"。执行"滤镜>锐化>USM锐化"命令，对图像进行大幅度锐化。这张图片中的树木纹理很美，经过锐化后的效果和清晰度可以媲美HDR图像。

3.11

打造忧郁的非主流色调

操作分析：

花瓣中夹杂的洋红和黄色降低了花朵的美观性，图像略微有些偏暗。

通道调色法最常见的案例就是调阿宝色。阿宝色的图像颜色单调素雅，最常见的颜色就是青色和洋红。

将绿通道粘贴到蓝通道后，意味着图像中绿色和蓝色颜色成分完全相同，二者会混合成青色，这就是调阿宝色的原理。

原图

01

执行"文件>打开"命令，打开素材图像"第3章>素材>0311.jpg"，并将"背景"图层复制一份。

02

打开"通道"面板，选中"绿"通道，按快捷键Ctrl+A全选，按快捷键Ctrl+C复制，然后选中"蓝"通道，粘贴复制的"绿"通道，图像变色了。

03

上一步通过替换通道后，图像的颜色变得素雅了。现在新建"曲线"调整图层，对图像的色调做进一步调整。

04

设置"曲线1"调整图层的"混合模式"为"滤色"，图像立刻变得清晰亮丽了。

05

新建"纯色"调整图层，弹出"拾色器（纯色）"对话框，设置颜色为RGB（33、31、91）。

06

设置该图层"混合模式"为"排除"，"不透明度"为40%，图像蒙上了一层淡淡的黄色，非主流的感觉出来了。

07

新建"色阶"调整图层，将图像略微压暗一些，但不要过度增加对比度。这样做是为了使图像颜色更厚重。

08

新建"自然饱和度"调整图层，适当提高图像的饱和度，使花朵的颜色更加艳丽。这样显得画面有些颓废又透着华丽。

09

选中该图层蒙版，使用黑色画笔将花瓣边缘颜色过于艳丽的部分涂抹出来。如果图像颜色过度饱和，就很难准确表现出物体质感。最后盖印可见图层，并对图像细节做最终的调整。

"排除"模式可以创建一种对比度比较低的反向效果，从而在图像中添加一种朦胧的效果。

3.12

调出清新的阿宝色

操作分析：

　　原图的色调也很漂亮，不过调整为蓝色后，更能体现出清新和纯净的感觉。

　　Lab调色也属于通道调色的一种形式。上一案例中，我们直接在RGB模式下替换了图像的通道，而Lab调色则是先将图像颜色模式转换为Lab，再处理通道。

　　Lab模式是所有颜色模式中色域最广的，所以使用它调出的颜色往往比RGB得到的图像颜色过渡更自然。

原图

01

执行"文件>打开"命令，打开素材图像"第3章>素材>0312.jpg"，并将"背景"图层复制。

02

执行"图像>模式>Lab颜色"命令，在弹出的警告对话框中单击"不拼合"，将图像在保留图层的情况下转为Lab模式。

03

打开"通道"面板，选中"a"通道，将其全选复制，再粘贴到"b"通道，图像变为清新的蓝色了。

04

重新将图像转回到RGB模式，新建"色阶"调整图层，将图像阴影压暗，使前景的小花和背景拉开层次。

05

现在新建一个"选取颜色"调整图层调整图像颜色。此时图像中基本只有青色和红色了，所以这一步很容易。

06

调整完成后关闭"属性"面板，图像背景变成很纯净的蓝色了。

07

接下来对背景中的杂色进行处理。盖印可见图层，执行"图像>计算"命令，计算出一个基本排除花朵的选区。

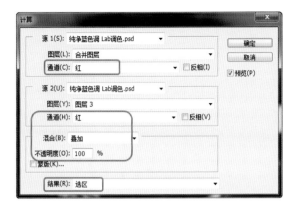

08

单击"确定"按钮，反转选区，再使用"套索工具"将背景中未被选择的白色斑点添加到选区中。这样就得到了背景的选区。

09

执行"滤镜>杂色>减少杂色"命令，降低图像背景中的杂色。因为"减少杂色"可能会明显降低图像边缘的颜色饱和度，从而使图像实色不少，所以请适当使用"历史记录画笔"修复部分图像。

> 　　不同颜色模式图像的通道都不一样，而Photoshop中大量调色命令都是基于通道进行的，转换颜色模式后，这些调整图层都会被扔掉。

3.13

调出清新明亮的暖色调

操作分析：

　　照片中的花朵过于密集，面积过大，天空的面积过小，整个画面给人一种密不透风的感觉。

　　"色彩范围"是用于创建选区的常用命令之一，它可以选择图像中特定颜色范围内的像素。本案例中两次使用"色彩范围"调整图像细节。

原图

01

执行"文件>打开"命令，打开素材图像"第3章>素材>0313.jpg"，并将"背景"图层复制一份。

02

设置"图层1"的"混合模式"为"滤色"，"不透明度"为50，这是为了校正花的影调。

03

新建"颜色填充"（在调整图层菜单中为"纯色"）调整图层，弹出"拾色器（纯色）"对话框，设置颜色为RGB（34、39、85）。

04

设置"颜色填充1"调整图层的"混合模式"为"滤色"，使图像在变亮的同时附上一层蓝色。

05

再次新建一个"颜色填充"调整图层，在弹出的"拾色器（纯色）"对话框中设置颜色为RGB（56、2、61）。

06

设置"颜色填充2"调整图层的"混合模式"为"排除"，在图像中添加一层黄绿色。

07

图像颜色太灰了，而且色调怪怪的，所以新建一个"色阶"调整图层调整色调。

08

继续在"色阶"属性面板中选择"蓝"通道，在图像中添加一些黄色。经过调整的图像更清晰，颜色更黄了。

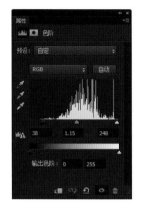

09

按快捷键Ctrl+Shift+Alt+E盖印可见图层，得到"图层2"。设置该图层"混合模式"为"柔光"，图像更清晰亮丽了。

10

接下来新建一个"照片滤镜"调整图层，为图像添加"洋红"滤镜，设置"浓度"为20%。

11

设置"照片滤镜1"调整图层的"混合模式"为"滤色"，"不透明度"为50%。图像此时呈现明亮的暖青色。

12

新建"自然饱和度"调整图层，提高图像饱和度，这样画面看起来会更暖。

13

此时图像的色调已经比较到位了，但是颜色过深的树枝有些破坏整体的柔美感觉。执行"选择>色彩范围"命令，使用滴管单击树枝部分。

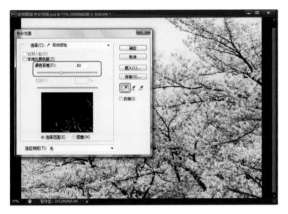

14

单击"确定"按钮，可以看到图像中与树干相近的颜色全部都被选中了。

15

不要取消选区，直接新建"色阶"调整图层，将深色的树枝提亮一些。

16

再次新建一个"色阶"调整图层，将图像整体颜色调得更淡。这还是为了体现出亮丽的感觉，但不要调得过曝。

17

现在图像已经足够明亮了，但是花朵几乎没有层次了。选中该图层蒙版，执行"图像>应用图像"命令，将"绿"通道应用为蒙版。

18

单击"确定"按钮，可以看到花朵和枝干的颜色层次已经自然了一些。

19

在"图层"面板中按下Alt键，单击"背景"图层前面的眼睛图层，只显示"背景"图层。

20

执行"选择>色彩范围"命令，使用滴管在花瓣中单击，尽量将花瓣全部包括在选区之内（预览图中白色部分就是选择区域）。

21

单击"确定"按钮，得到选区。新建"曲线"调整图层，将选区内的花朵提亮，并选择"绿"通道，添加洋红色。

22

调整完成后关闭"属性"面板，可以看到图像中的花朵都变成了唯美的粉红色。

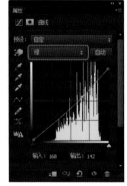

23

至此完成该照片的全部调整，最后按快捷键Ctrl+Shift+Alt+E盖印可见图层，得到"图层3"。之前我们只显示了"背景"图层，只需再次按下Alt键，单击"背景"图层前面的眼睛图标，即可显示全部图层内容。

3.14

打造温暖阳光色

操作分析：

　　图像中叶子的颜色清新翠绿，但是光照氛围不够强烈，使得整个画面少了一些活意。

　　本案例使用大量的步骤为叶子添加逼真的阳光色，并在图像右上角添加朦胧的光线。这种处理照片的方法可以使照片产生强烈的延伸感，提高图像艺术性。

原图

3.14.1　改变图像色调

01

执行"文件>打开"命令，打开素材图像"第3章>素材>0314.jpg"。

02

新建"选取颜色"调整图层，勾选"相对"，选择"黄色"，减掉青色，加上洋红。选择"绿色"，添入不同的颜色。

03

继续选择"中性色"，减掉图像中间调中的黄色。关闭"属性"面板，可以看到图像中的绿色已经被大幅削弱了。

04

再次新建"选取颜色"调整图层，选择"红色"，减去少许青色；选择"黄色"，添加红色、洋红和黄色，它们使图像中的暖色更暖。

05

继续选择"绿色"，将图像中的绿色减淡，并添入大量的暖色。最后选择"白色"，在图像高光中添入青色、绿色和少许蓝色。

06

设置完成后关闭"属性"面板，此时略微显冷色的图像变暖了。

07

按快捷键Ctrl+J复制"选取颜色2"调整图层，设置"不透明度"为30%，略微强化一下图像中的暖意。

08

新建"曲线"调整图层，选择"红"通道，在高光中添入红色，阴影中添入青色；选择"绿"通道，在高光中添入绿色，阴影中添入洋红。

 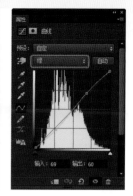

09

最后选择"蓝"通道，在图像中整体添加黄色。经过调整的图像变清晰了很多，颜色也更暖和了。

10

新建"选取颜色"调整图层，选择"黄色"，添加更多的暖色进一步强化图像暖意。

3.14.2　调整光照氛围

11

新建"图层1"，按快捷键Ctrl+Shift+Alt+2选取高光，执行"选择反向"命令翻转选区，并填充颜色RGB（87、36、19）。

12

按快捷键Ctrl+D取消选区，设置"图层1"的"混合模式"为"滤色"，"不透明度"为30%，图像暗部变亮变暖了。

13

新建"图层2"，使用"渐变工具"为画笔填充从白色到黑色的径向渐变。

14

设置该图层"混合模式"为"正片叠底"，"不透明度"为20%，并添加蒙版遮盖住图像的中心部分。这一步是为图像添加暗角。

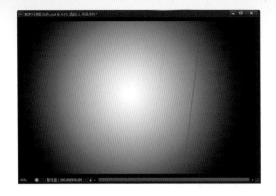

15

新建"色彩平衡"调整图层，分别在图像"高光"中添入青色，在"阴影"中添入黄色，使光照氛围更强烈。

16

设置完成后关闭"属性"面板，图像略微明亮了一些，受光线照射的感觉更强了。

17

按快捷键Ctrl+Shift+Alt+E盖印可见图层，得到"图层3"。设置该层"混合模式"为"正片叠叠"，图像明显变暗了。

18

按下Alt键单击"图层"面板中的"添加图层蒙版"按钮，为图像添加黑色蒙版，使用白色画笔将叶子高光以外的部分涂抹出来。

3.14.3　添加光线

19

新建"图层4"，为画布填充颜色RGB（246、226、131）。

20

设置它的"混合模式"为"滤色"，为其添加蒙版，从画布右下到左上填充黑白线性渐变，制作出光线从左上方照过来的感觉。

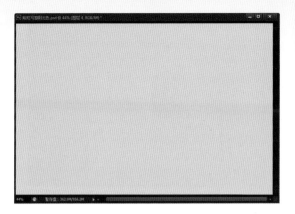

21

接下来要强化前景的绿叶和背景之间的空间感。按快捷键Ctrl+Shift+Alt+E盖印可见图层，得到"图层5"。

22

执行"滤镜>模糊>高斯模糊"命令，打开"高斯模糊"对话框，将图像模糊5像素。

23

按快捷键Ctrl+M调出"曲线"对话框，将图像略微压暗一些。

24

设置该图层"混合模式"为"柔光"，"不透明度"为30%，可以看到前景和背景的层次马上就拉开了。

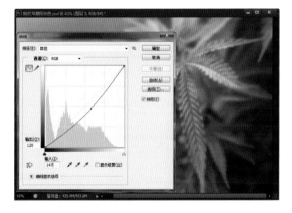

25

下面对前景的叶子进行刻画。继续盖印可见图层，得到"图层6"，设置其"混合模式"为"叠加"，"不透明度"为60%。

26

在"图层"面板中选中"图层3"的蒙版，按下Alt键直接将其拖曳到"图层6"上复制，图像中就只有叶子清晰了。

27

复制"图层6",将"混合模式"更改为"颜色加深","不透明度"为20%。这样叶子的轮廓更清晰,颜色也更加艳丽。

28

新建"图层7",设置"前景色"为RGB(242、223、128),使用柔边画笔在图像左上角添加更多的光线。

29

设置该图层"混合模式"为"滤色","不透明度"为37%,使光线效果自然融合到图像中。最后按快捷键Ctrl+Shift+Alt+E盖印图层,得到"图层8"。这张照片的调整到此就全部完成了。

> 　　将一个图层的蒙版直接拖曳到其他图层可以移动蒙版;按下Alt键拖曳一个图层的蒙版则可以复制蒙版。

Photoshop

第4章　为图像添加特效

4.1

为天空添加云彩

操作分析：

  图像饱和度不够，而且天空过于空旷，添加一些云彩可以使画面更丰富。

  云无论是在风景照片还是人物照片中都有着很高的地位。或云淡风轻、或风雨欲来⋯⋯云总是可以极大程度的渲染照片氛围。

  "混合颜色带"功能可以分别控制当前图层与下方图层混合的亮度，用于在图像中添加云朵再合适不过。

原图

4.1.1 添加云朵和光线

01

执行"文件>打开"命令，打开素材图像"第4章>素材>0401.jpg"，并复制"背景"图层。

02

执行"选择>色彩范围"命令，弹出"色彩范围"对话框，使用滴管单击天空部分，将天空选中。

03

单击"确定"按钮，可以看到图像中蓝色的天空被精确地选中了，连树缝之间细碎的蓝色都没有遗漏。

04

打开云朵素材"第4章>素材>0402.jpg"，按快捷键Ctrl+A全选图像，再按快捷键Ctrl+C复制图像。

05

返回之前的照片窗口，执行"编辑>选择性粘贴>贴入"命令，复制的云朵素材就被粘贴到选区中了。

06

执行"图像>调整>去色"命令将该照片去色，并按快捷键Ctrl+T对云朵进行变形操作。

07

设置该图层"混合模式"为"滤色"，将图像中的黑色全部屏蔽掉，可以看到天空中的云已经很自然地融合到图像中了。

08

双击"图层1"的缩览图，打开"图层样式"对话框，按下Alt键将"本图层"左侧结在一起的一组滑块分开，并向右拖动。

09

单击"确定"按钮，发现图像中的云彩减少了一些，天空的颜色变得更蓝了。因为我们使用"混合颜色带"将该图层的黑色减少了。

10

新建"图层2"，并为其填充黑色，执行"滤镜>渲染>镜头光晕"命令，在画布中添加光晕效果。

11

再执行"滤镜>模糊>径向模糊"命令，对光晕效果进行旋转扭曲。如果光晕效果太规则，添加到图像中会觉得很不自然。

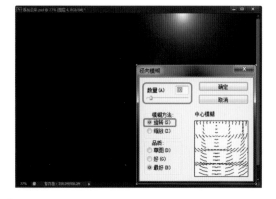

12

设置该图层"混合模式"为"滤色"，适当调整一下光晕的位置，并为其添加蒙版，使用画笔将树木涂抹出来。

4.1.2 协调整体颜色

13

图像中的素材添加完成，现在开始协调整体色彩。新建"选取颜色"调整图层，分别选择"青色"和"蓝色"，对天空颜色进行调整。

14

继续选择"白色"，减掉一些青色和洋红。设置完成后可以看到天空变成了很清澈的蓝色，云朵更加洁白了。

15

新建"自然饱和度"调整图层，将图像饱和度大幅度提高。最后按快捷键Ctrl+Shift+Alt+E盖印可见图层，得到"图层3"，这张照片到这里就调整完成了。

> 执行"贴入"命令后，选区会自动作为蒙版添加到粘贴进来的图像中，而且为了方便调整图像大小，该蒙版是默认不与图层相链接的。

4.2

为森林添加光线效果

操作分析：

照片略微偏暗偏冷，且内容单调不够吸引人，如果添加一些光束效果更好。

"径向模糊"可以模拟缩放或旋转相机所产生的模糊，很多人使用它来为图像中添加光线效果。

在本例中，首先使用"阈值"命令求出图像的高光区域，然后将它们径向模糊，就可以产生光线照射的效果。

原图

4.2.1　添加光线

01

执行"文件>打开"命令，打开素材图像"第4章>素材>0403.jpg"，并复制"背景"图层。

02

执行"图像＞自动对比度"命令或按快捷键Ctrl+Shift+Alt+L，自动校正图像对比度。

03

接下来我们要让树林变得更绿更亮。新建"通道混合器"调整图层，分别选择"红"通道和"绿"通道调整参数。

04

设置完成后关闭"属性"面板，图像颜色暖和了不少，树叶缝隙之间甚至萦绕着浓郁的暖意。

05

选中该图层的蒙版，使用黑色柔边画笔将公路和过亮区域涂抹出来。

06

下面开始提取画面高光。新建"阈值"调整图层，拖动滑块调整高光范围。这一步提取的高光越多，之后的光线就会越强烈。

07

按快捷键Ctrl+Shift+Alt+E盖印可见图层，并关闭"阈值"图层。使用黑色画笔将树叶之外的高光涂抹掉。

08

执行"滤镜>模糊>径向模糊"命令，选择"模糊方法"为"缩放"，并拖动鼠标设置模糊中心。

09

设置其"混合模式"为"滤色"，适当调整光线角度和大小，并添加蒙版遮盖掉过亮区域（如果光线太清晰，可以使用高斯模糊）。

10

新建"照片滤镜"调整图层，将其剪切到光线图层，为光线添加淡淡的黄色。

11

选中这两个图层，多次将其复制，并分别调整角度和位置，使图像中的光线更加浓烈。

12

选中所有光线相关的图层，按快捷键Ctrl+J将其编组，这样有利于方便管理图层。

4.2.2　渲染照片氛围

13

新建"曲线"调整图层,将图像中间调和高光提亮。这样可以使光线看上去更明显。

14

新建"自然饱和度"调整图层,将图像饱和度提高,使树木看起来更茂密。

15

盖印可见图层,执行"滤镜>渲染>镜头光晕"命令,在图像上方添加光晕效果。如此一来光线照射的氛围更强烈了。

16

下面新建"色彩平衡"调整图层整体加重图像中的暖色。分别选择"中间调"和"阴影"添入不同的颜色。

17

继续选择"高光"设置参数,设置完成后选择该图层蒙版,从图像右下角到左上角填充黑白线性渐变。因为图像右下角受光线影响小,所以颜色不可以太暖。最后盖印可见图层,完成调整。

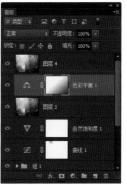

4.3

为图像添加下雨效果

操作分析:

图像为大雨过后的场景,整个画面阴沉的氛围很浓重,适合添加雨点。

"动感模糊"可以使图像沿着一个方向进行模糊,从而产生高速运动的感觉,很多人喜欢用它为图像添加光束、雨点和雪等效果。

添加雨点时,主要通过"点状化"滤镜和"阈值"控制雨点数量,通过"动感模糊"控制雨点强度。

原图

01

执行"文件>打开"命令,打开素材图像"第4章>素材>0404.jpg"。

02

首先对图像进行调色。新建"曲线"调整图层,选择"RGB"复合通道将图像压暗一些。再选择"绿"通道,在图像中加入绿色。

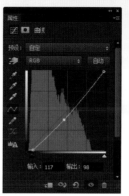

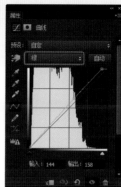

03

继续选择"蓝"通道，在中间调添入蓝色，高光添入黄色。经过调整的图像色调昏沉。

04

新建"图层1"并填充黑色，单击鼠标右键该图层缩览图，选择"转换为智能对象"命令，因为智能对象可以保留滤镜参数。

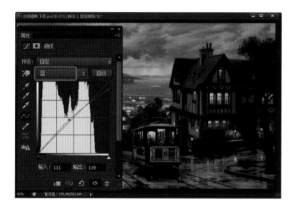

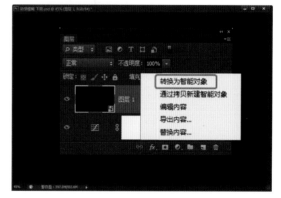

05

执行"滤镜>像素化>点状化"命令，在画布中添加一些杂点。执行该命令前要确保"前景色"为白色，"背景色"为黑色。

06

新建"阈值"调整图层，分离图像中的高光。这个步骤中得到的白点越密集，图像最终效果中的雨点也越密集。

07

按快捷键Ctrl+Shift+Alt+E盖印可见图层，得到"图层2"，将其转为智能对象，然后关闭下方的两个图层。

08

执行"滤镜>模糊>动感模糊"命令，弹出"动感模糊"对话框，将白点沿着一个方向模糊。

09

设置该图层"混合模式"为"滤色",就能看见雨
点了。当然也可以先更改图层混合模式再模糊,这
样更直观。

10

将雨点图层多次复制,并分别打开智能滤镜修改模
糊角度和距离,使图像中的雨点效果更丰富。

11

操作基本完成,按快捷键Ctrl+Shift+Alt+E盖印可见图层,得到"图层3"。执行"滤镜>锐化>USM锐化"命
令,略微锐化一下图像,使雨点更清晰。

下雪的效果也可以按照这种方法制作,只不过添加的杂点要更大一些,模糊的幅度轻微一些
就可以了。

4.4

为图像添加下雪效果

操作分析：

　　原图中雾气弥漫，很多树木顶部是白色的，很像雪的感觉，在该图像中添加下雪效果可以省力不少。

　　前面已经详细讲解过制作雨点效果的方法，雪和雨点的制作方法很相似。为了方便控制雪的大小和密度，最好可以将相关图层转换为智能对象。

原图

01

执行"文件>打开"命令，打开素材图像"第4章>素材>0405.jpg"。

02

新建"图层1"，按快捷键D复位"前景色"和"背景色"，再按快捷键Alt+Delete为画布填充黑色。

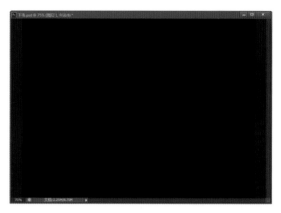

03

打开"图层"面板，单击鼠标右键"图层1"缩览图，选择"转换为智能对象"选项，将该图层转换为智能对象。

04

执行"滤镜>像素化>点状化"命令，弹出"点状化"对话框，设置"单元格大小"为4，为画布添加一些杂点。

05

新建"阈值"调整图层，弹出"属性"面板，将阈值色阶滑块向左拖动，直至画面中的白点数量和大小合适为止。

06

设置完成后关闭"属性"面板，按快捷键Ctrl+Shift+Alt+E盖印可见图层，得到"图层2"。

07

关闭该图层下方的两个图层，更改其"混合模式"为"滤色"，并使用相同的方法将其转换为智能对象。

08

执行"滤镜>模糊>动感模糊"命令，弹出"动感模糊"对话框，对白点应用动感模糊效果。

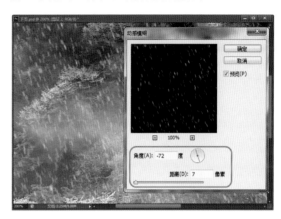

09

执行"滤镜>模糊>高斯模糊"命令，弹出"高斯模糊"对话框，对雪片进行模糊处理，使其更加自然。

10

雪的颜色不太明显。新建"色阶"调整图层，大幅剪切图像中的白色，雪的颜色明显变亮了。

11

关闭"图层2"和"色阶1"图层，重新开启"图层1"和"阈值1"图层，并修改"阈值色阶"为40。

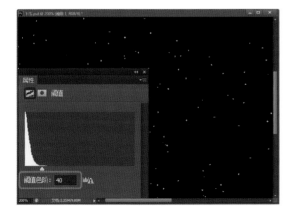

12

再次盖印可见图层，并设置其"混合模式"为"滤色"，将其转换为智能对象。这个图层用来给图像添加较大的雪点。

13

雪点有些太小，执行"滤镜>其他>最大值"命令，弹出"最大值"对话框，将白点加大1像素。

14

执行"滤镜>模糊>高斯模糊"命令，弹出"高斯模糊"对话框，将图像模糊1像素，使雪的效果更自然。

15

设置该图层"不透明度"为80%，重新显示"图层2"和"色阶1"调整图层。在图层最上方新建"照片滤镜"对话框，为图像应用"深蓝"滤镜，使图像有些寒冷的感觉，操作完成。

> "最大值"滤镜有应用阻塞的效果：展开白色区域和阻塞黑色区域。"最小值"滤镜有应用伸展的效果：展开黑色区域和收缩白色区域。

4.5

为照片添加彩虹

操作分析：

原图氛围为雨过初晴，天空和水面清澈湛蓝，很适合添加彩虹效果。

在图像中添加彩虹效果首先需要使用"渐变工具"绘制一条彩虹渐变条，然后通过"极坐标"命令将其扭曲为圆圈状，之后再仔细调整彩虹形状和明暗度即可。

原图

01

执行"文件>打开"命令，打开素材图像"第4章>素材>0406.jpg"。

02

图像的空间感不够强。新建"色彩平衡"调整图层，弹出"属性"面板，分别选择"中间调"和"阴影"，添入不同的颜色。

03

继续在"属性"面板中选择"高光"，添入青色、绿色和蓝色。经过调整的图像显得清晰明亮，色彩艳丽。

04

选中该调整图层的蒙版，使用黑色柔边画笔将草丛和石头的阴影区域涂抹出来。

05

接下来进一步校正图像颜色。新建"曲线"调整图层，分别选择"RGB"复合通道和"红"通道进行设置。

06

继续在"属性"面板中选择"绿"通道进行调整。经过调整的图像对比度更强烈，图像颜色更加浓郁。

07

将下方图层的蒙版复制到该图层，使图像中过暗的区域恢复正常。

08

新建"图层1"，使用"渐变工具"，打开"渐变编辑器"选择"透明彩虹渐变"，然后在图像中拖出彩虹渐变条。

09

执行"滤镜>扭曲>极坐标"命令，弹出"极坐标"对话框，选择"平面坐标到极坐标"选项，彩虹条成了圆圈。

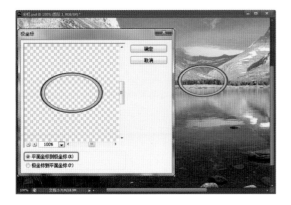

10

将该图层转换为智能对象，并适当调整彩虹的位置和大小。

11

执行"滤镜>模糊>高斯模糊"命令，弹出"高斯模糊"对话框，将彩虹模糊3像素。这样可以使图像效果更逼真自然。

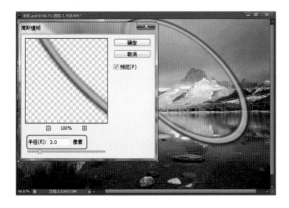

12

为该图层添加蒙版，使用黑色柔边画笔将不需要的部分涂抹掉，最后更改图层"混合模式"为"滤色"。

13

将"图层1"复制，适当调整其位置和不透明度，并适当修改其蒙版，制作成彩虹的倒影。

14

按快捷键Ctrl+Shift+Alt+E盖印可见图层，得到"图层2"。使用"减淡工具"适当减淡图像中过暗的阴影区域，制作完成。

4.6

打造晨雾弥漫的山岭

操作分析：

原图中近处的山峰过暗，石块的细节不够明亮，空间感不足。

在图像中添加雾气的步骤本身并不复杂，执行"云彩"命令，配合"滤色"可以在图像中添加大量云彩。此后需要添加蒙版控制雾气的范围，这才是本案例中最困难的。

原图

01

执行"文件>打开"命令，打开素材图像"第4章>素材>0407.jpg"，并复制"背景"图层。

02

设置该图层"混合模式"为"柔光"，"不透明度"为50，使图像变暗一些。这样在添加雾气后，图中景物依然能够看清楚。

03

新建"图层2",执行"滤镜>渲染>云彩"命令,在画布中添加云彩。

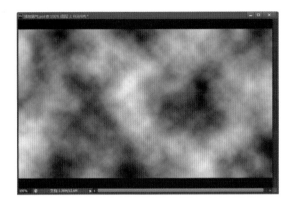

04

设置该图层"混合模式"为"滤色",去掉云彩中的黑色。为其添加蒙版,使用合适的画笔适当涂抹出雾气效果。

05

将该图层复制,更改其"混合模式"为"变亮",并适当调整其形状,使雾气的氛围更浓。

06

按快捷键Ctrl+Shift+Alt+E盖印可见图层,得到"图层3"。执行"图像>自动对比度"命令,使景物和雾气更加清晰。

07

新建"色阶"调整图层,在弹出的"属性"面板中进行设置,可以看到景物和雾气更清晰了,但是光线的部分过曝了。

08

选中该图层蒙版,使用黑色柔边画笔将图像中过量的区域涂抹出来,操作完成。

4.7

打造逼真的老照片效果

操作分析：

　　原图中城堡的线条很漂亮，四周有其他建筑和树木作为陪衬，画面中有大片的留白，转换为老照片后，可以很好地体现衰败又华丽的感觉。

　　制作破旧的老照片效果很简单，只要将图像转换为单一的古旧颜色，再添入各种污迹或划痕素材，就能很好地体现出衰败的感觉。

原图

01
执行"文件>打开"命令，打开素材图像"第4章>素材>0408.jpg"。

02
执行"图像>画布大小"命令，弹出"画布大小"对话框，分别将画布的"宽度"和"高度"加大。

03

单击"确定"按钮，可以看到图像外侧加了一圈白边，像相框一样。

04

按快捷键Ctrl+J复制"背景"图层，得到"图层1"，使用"矩形选框工具"沿着最高的塔尖创建选区。

 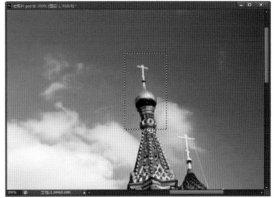

05

按快捷键Ctrl+J复制选区内的图像，得到"图层2"。为该图层添加蒙版，使用黑色画笔将天空部分涂抹掉。

06

选中"图层1"，使用"仿制图章工具"和"修复画笔工具"将塔尖修掉，使其产生塔尖断裂的效果。

07

在图层最上方新建"色相/饱和度"调整图层，弹出"属性"蒙版，勾选"着色"选项，将图像调整为土黄色。

08

拖入污迹素材"第4章>素材>0406.jpg"，得到"图层3"，按快捷键调整其位置和大小。

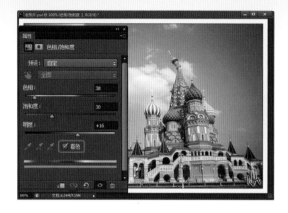

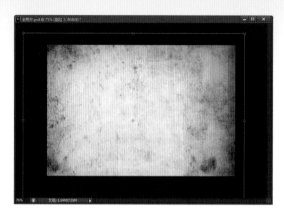

09

设置该图层"混合模式"为"线性加深","不透明度"为80%，可以看到纹理被自然融合到图像中了。

10

新建"颜色填充"调整图层，弹出"拾色器（纯色）"对话框，设置颜色为RGB（74、43、3）。

11

设置该图层"混合模式"为"滤色"，"不透明度"为50%，为图像添加一层土黄色，这样会显得更旧。

12

接下来对图像颜色进行精确调整，新建"选取颜色"调整图层，分别在"属性"面板中选择"红色"和"黄色"进行调整。

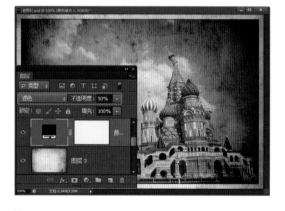

13

继续在"属性"面板中选择"白色"和"黑色"进行调整。

14

设置完成后，可以看到图像颜色变为非常自然的土黄色。按快捷键Ctrl+Shift+Alt+E盖印可见图层，得到"图层4"。

15

现在图像的颜色还是有些红。按快捷键Ctrl+U，弹出"色相/饱和度"对话框，将"色相"设置为6，使图像颜色变黄一些。

16

执行"滤镜>镜头校正"命令，弹出"镜头校正"对话框，打开"自定"选项卡，为图像添加晕影。

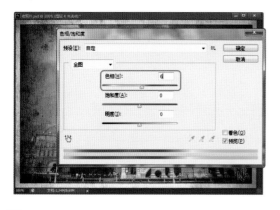 

17

单击"确定"按钮，得到最终图像效果，完成该案例的全部操作。如果觉得污迹的纹理不太清晰，可以酌情对图像进行锐化。

除了使用"镜头校正"滤镜为图像添加晕影之外，还可以在图像中创建羽化的选区，并填充黑色来实现控制性更强的晕影。

4.8

将照片转为夜景效果

操作分析：

    原图中幽蓝的天空和水面本来就有静谧的感觉，再加上城堡、窗户、路灯和植物，可以体现夜景的景物全部都包括了。

    制作夜景相对来说比较困难，我们需要小心翼翼地把握图像整体的颜色，在尽可能将图像压暗的同时，保证阴影区域的细节清晰可见。另外，如何制作出自然的光亮效果也是关键操作。

原图

01

执行"文件>打开"命令，打开素材图像"第4章>素材>0409.jpg"。

02

新建"色相/饱和度"调整图层，弹出"属性"面板，勾选"着色"选项，为图像附上一层深蓝色。

03

新建"亮度/对比度"调整图层，降低图像亮度，增大对比度，使夜晚的氛围更浓。

04

选中该调整图层的蒙版，使用黑色柔边画笔将图像中过暗的区域涂抹。因为图像较暗，很容易使一些阴影区域完全失去细节。

05

新建"曲线"调整图层，进一步压暗图像，使水面和天空的颜色更深。

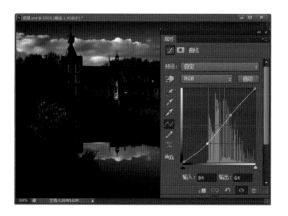

06

选中该图层蒙版，执行"图像>应用图像"命令，弹出"应用图像"对话框，将合并图层的"蓝"通道应用到蒙版中。

07

设置完成后单击"确定"按钮，可以看到图像中较暗的区域已经恢复原状了。

08

按下Alt键单击"背景"图层前面的眼睛按钮仅显示该图层，并按快捷键Ctrl+Shift+Alt+2提取高光。

09

执行"选择>反向"命令翻转选区，复制选区内的图像，然后按快捷键Ctrl+Shift+】将其置于图层最上方。

10

重新显示"图层"面板中的所有图层，并修改"图层1"的"混合模式"为"点光"，为植物和树木附上洋红色。

11

按快捷键Ctrl+Shift+Alt+E盖印图层，得到"图层2"。使用"矩形选框工具"沿着窗户创建选区，并按Ctrl+I反向。

12

使用相同的方法让其他的窗户亮起来。如果觉得亮光太明亮的，可以使用"曲线"调整一下。

13

新建"图层2"，设置"混合模式"为"颜色减淡（添加）"，设置"前景色"为RGB（250、249、172），使用"画笔工具"涂抹窗户。

14

修改该图层"不透明度"为50%，使扩散出来的亮光自然一些。

15

新建"色彩平衡"调整图层，分别选择"中间调"和"高光"设置参数值。

16

设置完成后关闭"属性"面板，可以看到云朵颜色明显变青了，这样更加符合夜晚的氛围，也拉开了景物的空间感。

17

按快捷键Ctrl+Shift+Alt+E盖印图层，得到"图层4"。执行"图像>调整>阴影/高光"命令，弹出"阴影/高光"对话框，并进行设置。

18

单击"确定"按钮，可以看到图像的阴影区域变亮了。使用其他工具对图像细节进行处理。

19

新建"图层5"，设置"前景色"为白色，使用"画笔工具"在天空中添加几颗星星。

20

按快捷键Ctrl+Shift+Alt+E盖印可见图层，得到"图层6"。

21

最后执行"滤镜>锐化>USM锐化"命令，对图像进行锐化，操作完成。18步骤中使用"画笔工具"，设置画笔"模式"为"线性减淡（添加）"，然后开启喷枪，将路灯点亮。

在制作该实例的过程中，请随时注意控制图像的阴影区域，不可使图像颜色有过多结块的地方。

4.9

将照片处理为雪景

操作分析：

原图中的树叶基本都是黄色的，天空的颜色是蓝色的。蓝色和黄色正好是一对互补色，所以利用蓝通道可以轻易抠出树叶。

银装素裹的雪景一直都是摄影爱好者极为喜爱的景色，不过它和下雨、彩虹一样受气候的影响。本案例将向读者讲解将一张普通的照片处理成为雪景照片的方法。

原图

01

执行"文件>打开"命令，打开素材图像"第4章>素材>0410.jpg"。

02

新建"通道混合器"调整图层，弹出"属性"面板，勾选"单色"选项，调整参数值，将图像调整为黑白图像。

03

选中该调整图层蒙版，执行"图像>应用图像"命令，弹出"应用图像"对话框，将"背景"图层的"蓝"通道应用为蒙版。

04

设置完成后单击"确定"按钮，可以看到图像中基本只有树木是黑白的了，天空已经恢复了原本的蓝色。

05

接下来要将树干的颜色恢复。选中该调整图层（不是蒙版），执行"选择>色彩范围"命令，在弹出的对话框中使用滴管吸取树干的颜色。

06

设置完成后单击"确定"按钮，得到树干的选区。在"通道混合器1"调整图层的蒙版中填充黑色，树干颜色也恢复了。

07

按快捷键Ctrl+Shift+Alt+E盖印图层，得到"图层1"，然后执行"滤镜>模糊>高斯模糊"命令，将图像模糊2像素。

08

设置该图层"混合模式"为"柔光"，"不透明度"为70%，并将下方图层的蒙版复制到本图层，可以看到雪更亮了。

09

接下来略微调整一下图像的整体色调。新建"选取颜色"调整图层，分别在"属性"面板中选择"青色"和"白色"进行设置。

10

继续在"属性"面板中选择"中性色"，调整各项参数的值。设置完成后，可以看到图像有些偏冷，更有银装素裹的感觉。

11

按快捷键Ctrl+Shift+Alt+E盖印图层，得到"图层2"。执行"图像>调整>阴影/高光"命令，弹出"阴影/高光"对话框，阴影为35%。

12

单击"确定"按钮，可以观察到原本发黑的树干和树枝明显亮了很多。使用"历史记录画笔"将受到提亮影响的天空恢复原状。

13

雪的颜色好像还是不够亮，颜色略微显脏。新建"曲线"调整图层，弹出"属性"面板，将图像略微提亮一些。

14

将"图层1"的蒙版复制到该图层，将天空和树干复原，只让银色的树叶变亮。

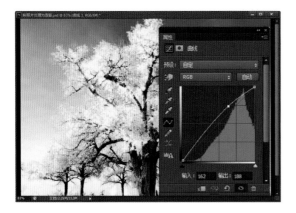

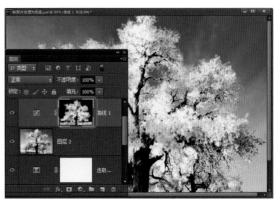

15

最后使用"减淡工具"，设置"范围"为"阴影"，将图像中过暗的区域减淡，使雪的颜色更均匀亮丽，至此完成该案例的全部操作。

Photoshop

第5章　解读Raw

5.1

Camera Raw7.0界面布局

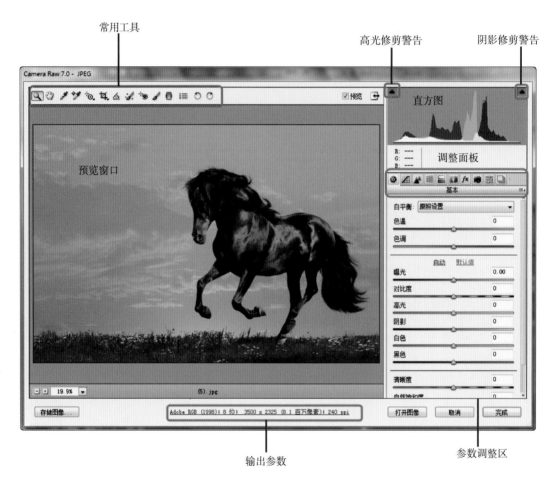

常用工具

高光修剪警告

阴影修剪警告

预览窗口

直方图

调整面板

输出参数

参数调整区

单击界面左下方的"存储图像"按钮，可以将当前处理结果保存为各种格式的图像；单击右下方的"打开图像"按钮，可以将当前处理的结果在Photoshop中打开；单击"完成"按钮可以直接使用现有调整参数替换原始文件。

Camera Raw是自动绑定在Photoshop中的，无法独立打开使用。如果要在Camera Raw中处理图像，需要首先在Photoshop中执行"文件>在Bridge整浏览"，或在计算机中执行"开始>所有程序>Adobe Bridge CS6"启动Bride，然后选中相应的图像，再在Bridge中执行"文件>在Camera Raw中打开"命令才可以。

如果需要打开的图像是Raw文件，则只需双击该图像，即可自动在Camera Raw中打开，如果是其他格式的图像，就只能通过上述方法在Camera Raw中打开。一旦图像在Camera Raw中打开并做过调整，之后该图像都会自动在Camera Raw中打开，而不是在Photoshop中打开。

5.2

在Camera Raw中裁剪图像

操作分析：

　　图像外围的黑框有画蛇添足之嫌，破坏了画面的完整性。

　　对图像进行裁剪是使用极为普遍的操作。Photoshop中用于裁剪图像的工具和命令主要有"裁剪工具"、"裁剪"和"裁切"命令等。Camera Raw中裁剪图像的工具也叫"裁剪工具"，操作方法和Photoshop很相似，相信大部分读者都可以快速掌握。

原图

01

执行"开始>所有程序>Adobe Bridge CS6"命令，启动Bridge CS6（不是在Photoshop中执行，而是直接在计算机中）。

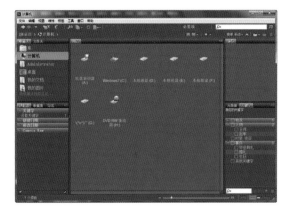

02

在Bridge中浏览到素材图像"素材>第5章>0501.jpg"。拖动界面最下方的滑块可以控制图像缩览图大小。

03

在Bridge中执行"文件>在Camera Raw中打开"命令，指定的图像就会在Camera Raw中打开。

04

在常用工具中选择"裁剪工具"，在图像中拖动鼠标创建出裁剪区域，该操作基本与在Photoshop中一样。

05

使用鼠标分别调整图像四边的控制点，精确控制裁剪区域的范围，这也与Photoshop基本一样。

06

裁剪区域确定后直接按Enter键即可成功裁剪图像。通过图像下方的输出参数可以清楚地看到图像尺寸的变化。

07

图像裁剪完成后，单击界面左下方的"存储图像"按钮，弹出"存储选项"对话框，设置图像的存储位置、名称、格式和品质。

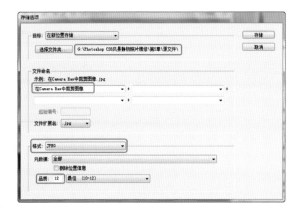

08

设置完成后，单击"存储"按钮即可成功存储当前图像。打开图像存储的文件夹可以查看该图像。

09

至此完成图像的裁剪操作。Camera Raw算是Photoshop的附件，二者的操作方式很相似，很多快捷键也都可以通用，所以对Photoshop有一定了解的用户可以很快掌握Camera Raw的操作方法和各种调整功能的分布规律。

5.3

去除图像中的瑕疵

操作分析:

　　右下角的石块和文字破坏了画面整体构图,降低了图像美感。

　　Camera Raw中用于修饰图像中瑕疵的工具是"污点去除"。这个工具的工作方式与Photoshop中的"修复画笔工具"有些相似,都需要在图像中定义修补源,然后将修补源的纹理、明暗等属性绘制到修补区域进行融合。

原图

BEAUTIFUI

01

启动Bridge CS6，浏览到素材图像"素材>第5章>0502.jpg"，单击界面上方的"在Camera Raw中打开" 按钮。

03

松开鼠标后发现图像中出现了两个圆圈，红色的圆圈表示需要修复的区域，绿色的圆圈表示用来修复图像的源。

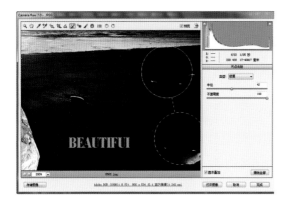

05

上一区域修补完成后，再在其他需要修补的区域单击鼠标，重新创建修补区域。

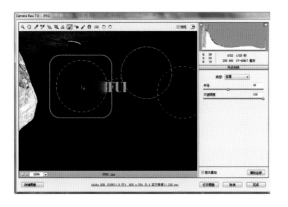

02

该图像在Camera Raw中打开后，单击常用工具中的"污点去除"按钮，在图像中拖动鼠标创建修补区域。

04

使用鼠标移动红圈位置，直至其完全包裹石块。再移动绿圈到合适的位置，使修补区域自然融合。

06

修补区域相对于文字来说太大了，将鼠标移到圆圈的边界上，待光标形状变为 时可调整圆圈大小。也可以直接在参数区修改"半径"。

07

使用相同的方法创建反复调整修补区域和修补源的位置，并修补其他区域的瑕疵。

08

如果在修复图像的过程中觉得红红绿绿的虚线框妨碍视线，可以取消勾选"显示叠加"选项暂时隐藏虚线框。

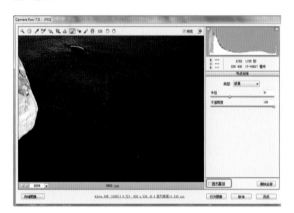

09

操作完成后，将处理成果存储，完成该案例的操作。Camera Raw中的"污点去除"和Photoshop中的"修复画笔工具"很相似，但是"污点去除"的可修改性更强。

> 总的来说还是Photoshop的修复功能更强大一些，如果允许，还是建议在Photoshop中修复图像瑕疵。

5.4

控制图像色温和色调

操作分析:

图像下方有一块多余的黑条,夕阳的氛围足够温暖,但不够热烈。

Camera Raw "基本" 面板中的 "色温" 和 "色调" 的作用类似于相机中的白平衡,可以用来校正图像偏色。

"色温" 的颜色从蓝到黄,"色调" 的颜色从绿到洋红。从理论上讲,这两个参数配合使用可以调出所有的颜色。

原图

01

将素材图像"素材>第5章>0503.jpg"使用Camera Raw打开。

02

图像下方有一块多余的黑色块。使用"裁剪工具"将黑色块裁掉，裁剪后的图像尺寸为900×590像素。

03

在"基本"面板中将"色温"调整至-100，色标在蓝色的位置，可以看到图像附上了一层浓浓的蓝色。

04

单击界面右侧的 按钮，在弹出的扩展菜单中选择"Camera Raw默认值"，图像恢复正常。

05

将"色调"调至100，色标在洋红色的位置，可以看到图像颜色变成了瑰丽的粉红色。

06

接下来将"色温"调至黄色位置，将"色调"调至洋红色位置，黄色和洋红混合成一种美丽的橙红色调，操作完成。

5.5

修复严重发暗的照片

操作分析：

照片中间调和高光严重偏暗，水和石块的质感完全被淹没在黯淡的灰色中。

这张照片的影调整体偏暗，所以直接提高"曝光"就可以得到较好的效果。剩下的工作就是反复调整高光的分布，这关系到水的质感体现是否到位，而水绝对是这张照片中的主体。

原图

01

将素材图像"素材>第5章>0504.jpg"使用Camera Raw打开，可以看到这张图像严重曝光不足。

02

打开"基本"面板，将"曝光"提高1.5，可以看到图像影调变亮了不少。这里的"曝光"与相机中的曝光度是一回事。

03

接下来分别对图像中的阴影和高光进行渲染。提亮图像中的白色，使瀑布更清澈；减轻黑色，使图像中的暗部区域恢复一些细节。

04

切换到"色调曲线"面板，将"高光"提高50，面板中的曲线会随之变化。经过调整后的瀑布层次更加分明了。

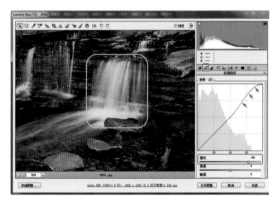

05

调整完成后，单击界面右下方的"打开图像"按钮，将调整成果在Photoshop中打开，对图像细节进行最后的处理。至此完成该案例的全部操作。

5.6

恢复图像阴影区域的细节

操作分析：

　　照片整体颜色不够艳丽，降低了图像表现力，远山中的阴影区域几乎看不出细节。

　　该图像的颜色分布整体来看很均匀，只有局部区域的阴影过暗，另外高光略微有些欠缺。调整时最好不要大幅调整"曝光"，而是着重提亮阴影和高光区域，这样就可以恢复原貌。最后提高图像饱和度，这张照片就调整完成了。

原图

01

将素材图像"素材>第5章>0505.jpg"使用Camera Raw打开，可以看到远处山脉的阴影部分很暗。

02

打开"基本"面板，将"阴影"提亮50，"黑色"减少20，可以看到图像中的阴影区域明亮了一些，暗部细节已经清晰可见。

03

将"白色"提高39，使图像中的高光亮起来。将"自然饱和度"提高50，使图像颜色更加浓郁自然。

04

由于提亮了图像中的阴影和高光，图像似乎有些过于明亮，所以将"曝光"略微降低一些。暗调更能体现苍凉辽阔的感觉。

05

切换到"色调曲线"面板，将"高光"提高18，这样可以使地面均匀的块状更具质感。

06

操作完成后，单击界面右下方的"打开图像"按钮，在Photoshop中打开调整成果。使用"加深工具"加深石头的阴影。

5.7

使用曲线精确调整图像影调

操作分析:

　　照片影调严重偏暗, 阴影区域和高光区域像素缺失, 画面整体颜色偏黄。

　　总的来说处理这张照片并不难, 先通过"色温"和"色调"校正色偏, 然后着重使用"色调曲线"校正图像影调, 将明暗区域拉开即可。处理时注意两点, 不要让水过曝、不要让水的颜色太蓝, 这都不利于表现水流清澈的质感。

原图

01

将素材图像"素材>第5章>0506.jpg"使用Camera Raw
打开,可以看到图像有些发灰,而且色调偏黄。

03

将"饱和度"提高20,使图像中树叶的颜色稍微鲜
艳一些。这样一来,图像颜色就基本正常了。

05

将"高光"调整至100,可以看到曲线中高光区域的
曲线向上移动了,图像中相对应的高光部分也大幅
变亮了。

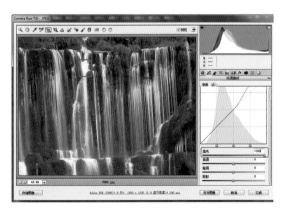

02

打开"基本"面板,将"色温"调整为-10,"色调"
调整为17,这是为了校正图像偏色。

04

接下来切换到"色调曲线"面板,进入曲线调整
状态。"参数"选项卡中的曲线按照图像影调共分
为高光、亮调、暗调和阴影4块区域。

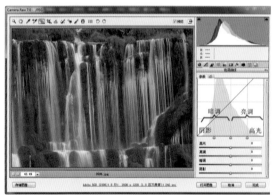

06

再将"阴影"降至-100,曲线中的阴影部分就会自动
向下移动,将图像中的高光调亮、阴影压暗,对比
度就会提高。

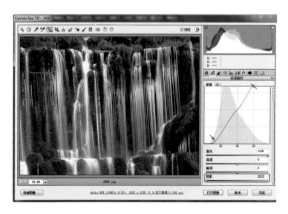

07

清除上述参数，并切换到"点"选项卡。"点"选项卡的曲线调整方式与Photoshop中的相同，只需在曲线上单击并移动控制点即可。

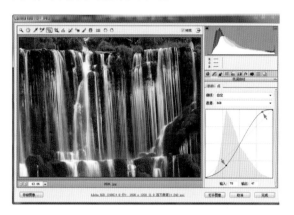

08

仔细观察图像，在曲线上不同位置添加控制点，对图像影调进行精确控制。注意不要过分增加图像对比度。

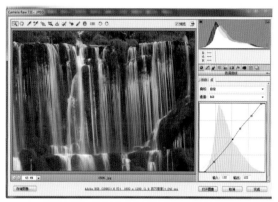

09

设置完成后，单击"打开图像"按钮，在Photoshop中打开调整结果，并使用相应的工具和命令对图像做最后的调整，至此完成该案例的全部操作。

使用"目标调整工具" ⟨图标⟩ 在图像中单击并拖动，同样可以调整图像中相应影调区域的亮度。它的调整参数被记录在"色调曲线"目标的"参数"选项卡中。

5.8

使用"分离色调"转换天气氛围

操作分析:

原图的色调也很美,不过夕阳的热烈氛围很明显表现不足,后期处理的空间很大。

Camera Raw中的"色调分离"功能允许用户分别对图像的高光和阴影进行着色。使用这个功能可以快速改变图像的色调,而且效果极为自然逼真。

原图

01

将素材图像"素材>第5章>0507.jpg"使用Camera Raw打开，可以看到这是一张色调略偏冷的图像。

02

打开"色调分离"面板，面板中有"高光"和"阴影"两组参数。将"高光"下的"饱和度"提高，发现图像高光变红了。

03

将"高光"下的"色相"调整为126，色标在绿色的位置，所以图像中的高光也变为绿色了。

04

将"高光"的"色相"复位，并适当调整"阴影"的"色相"和"饱和度"，发现图像阴影区域变成了蓝色。

05

接下来将"平衡"向左调整，色标在黑色的位置，发现阴影区域的蓝色范围扩大了，红色的高光范围压缩了。

06

反过来将"平衡"向右移动，色标位于白色区域，图像中的红色高光区域几乎充满整个画面，蓝色的阴影被压缩了。

07

按照上述方法分别调整"阴影"和"高光"颜色，协调两种色调的比例，使图像呈现出自然的暖黄色调。

08

切换到"基本"面板，将"清晰度"调整至最高，使图像更加清晰一些。

09

设置完成后，单击"打开图像"按钮，将调整结果在Photoshop中打开，并执行"图像>自动色调"命令自动校正图像色调，可以看到图像颜色更加艳丽了，操作完成。

大幅改变整体色调往往很容易影响图像的影调，有时会使图像变得灰蒙蒙的，即使在Photoshop中也是一样的，所以需要根据实际情况增加对比度或清晰度等。

5.9

打造幽深静谧的夜晚

操作分析：

　　画面颜色沉闷发灰，天空和水的颜色过于接近，导致图像纵深感和感染力不强。

　　原始照片像是在阴天拍摄的，天空、水和石头的颜色都比较弱。调整时，我们直接使用"分离色调"将图像处理成夜晚的幽蓝色调，然后在Photoshop中进一步强化氛围，最后添加一轮明月做点睛之笔，图像立刻变得意境十足。

原图

01

将素材图像"素材>第5章>0508.jpg"使用Camera Raw打开，我们要将其转换为夜晚氛围的照片。

02

打开"色调分离"面板，分别调整"高光"和"阴影"的颜色，使图像呈现自然的深蓝色。

03

将"平衡"设置为-40，使图像中阴影的颜色更加浓郁一些，这样可以进一步增强夜晚的氛围。

04

调整完成后，单击"打开图像"按钮，将调整结果在Photoshop中打开，进一步进行操作。

05

执行"图像>调整>色相/饱和度"命令，弹出"色相/饱和度"对话框，将"蓝色"的"饱和度"提高15。

06

单击"确定"按钮，可以看到图像中深蓝色的部分艳丽了一些。这个操作也是为了增强夜晚的氛围。

07

打开月亮素材"0509.jpg"，使用"椭圆选框工具"选出月亮，将其拖入设计文档中，适当调整位置和大小。

08

设置该图层"混合模式"为"滤色"，使月亮自然融合到图像中。

09

新建"曲线"调整图层，将其剪切到下方的月亮图层，然后略微将月亮压暗一些。这样可以使月亮中心的纹理更加清晰，让它看起来更晶莹剔透。最后盖印可见图层，操作完成。

5.10

为图像添加艺术的暗角效果

操作分析：

  画面整体颜色略微有些偏暗，图像取景过多，削弱了向日葵的主体地位。

  暗角是图像处理极为常见的手法，暗角可以弱化图像四角杂乱的景物，体现画面主旨，并强化画面景深感。

  Camera Raw中用于添加暗角的选项在"镜头校正"面板中。用户可以在该面板中定义暗角的范围、浓度和形状，效果非常自然。

原图

01

将素材图像"素材>第5章>0510.jpg"使用Camera Raw打开。

02

打开"基本"面板,将"曝光"提高0.5,使图像稍微明亮一些。

03

适当将图像中的高光和阴影都提亮一些。这样可以降低图像灰暗的感觉,从而大幅提高空间感。

04

接下来将"清晰度"提高50,将"自然饱和度"提高80。图像立刻变得清晰明艳了。

05

切换到"色调曲线"面板,使用"目标调整工具"在图像中较暗的区域单击并向上拖动鼠标,可以看到图像的阴影区域被调亮了。

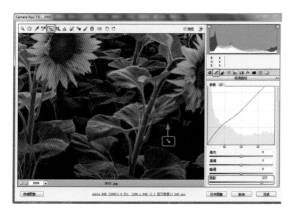

06

使用相同的方法分别调整图像中其他需要调整的部分(使用"目标调整工具"单击并向下拖动可以压暗图像)。

07

图像影调调整完成后，切换到"镜头校正"面板，将"镜头晕影"下的"数量"调整至-100，可以看到图像四边出现了黑色的晕影。

08

接下来将"中点"调整至0，可以看到图像四周的黑色晕影范围扩大了。

09

反复调整"中点"的位置，使晕影的范围正好能压得住图像，又不会干扰画面主体。至此完成该案例的全部操作。

> 将"镜头晕影"下的"数量"向左调整可以为图像添加黑色的晕影；向右调整"数量"可以为图像添加白色的晕影。

5.11

使用"调整画笔"局部调整图像

操作分析:

照片中高光的亮度正常,中间调和阴影部分严重过暗,图像对比度过高,导致颜色结块,空间感表现不足。

使用"调整画笔"可以在图像中定义局部调整区域。对Photoshop稍有了解的人都不会对选区陌生,"调整画笔"就相当于Photoshop中的选区,它是Camera Raw中实现局部调整的重要工具之一。

原图

01

将素材图像"素材>第5章>0511.jpg"使用Camera Raw打开。该图像云彩高光部分很亮，其他区域很暗。

02

打开"基本"面板，将"曝光"提高0.65，云彩和中间的麦穗明显亮了一些。

03

大幅提亮图像的阴影和高光，并降低图像的对比度，可以看到图像变亮了很多，而且颜色过渡很流畅。

04

由于上一步骤中降低了对比度，所以图像不够清晰。将"清晰度"提高20，图像细节清晰了，颜色也没有结块。

05

使用"调整画笔"，随意在"调整画笔"面板中调整参数，然后将天空部分大致涂抹出来，可以看到涂抹区域有了明显变化。

06

涂抹完成后，画布中会自动出现一个放大镜一样的小图标，这就表示一个调整区域。在"调整"面板中勾选"显示蒙版"选项，即可查看精确的调整范围。

07

如果调整画笔区域不够精确,可以将画笔绘制模式设置为"清除",再次涂抹即可将涂抹区域从调整范围中清除掉。

08

使用相同的方法仔细清除掉其他不需要调整的区域("添加"模式可以将涂抹区域添加到调整范围中)。

09

确定调整范围后,即可取消勾选"显示蒙版"选项,并仔细调整各项参数,让天空暗下来一些。

10

天空调整完成后,选中"新建"模式,在风车上再新建一个调整区域,使用前面讲过的方法精确控制调整区域范围。

11

调整范围确定后,在"调整画笔"面板中仔细调整参数。因为JPG图像无法恢复纯黑色区域的细节,强迫提亮只会出现大量噪点,所以我们只好让它再暗下去。

12

调整完成后,单击界面中的"打开图像"按钮,将其在Photoshop中打开,对图像做最后的调整。操作完成。

5.12

调出清澈湛蓝的海水

操作分析：

　　海水的颜色严重发灰发闷，海水中心的小沙滩颜色厚重，影响了画面的美观。

　　Camera Raw中的"调整画笔"允许用户在图像中定义局部调整区域，从而达到分片调整图像的目的。

　　在本案例中，当我们整体提亮画面之后，天空过曝了，海滩仍然比较暗。此时，就需要分别对它们进行调整。

原图

01

将素材图像"素材>第5章>0512.jpg"使用Camera Raw打开。可以看到该图像的色调灰暗，海水清澈的质感不到位。

02

打开"基本"面板，将"曝光"提高0.25，并将"白色"提高49，使图像中的高光更加明亮。

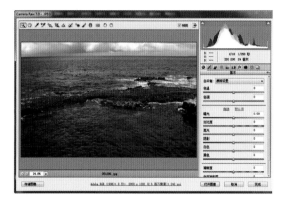

03

海水的颜色有些沉闷灰暗。将"阴影"和"黑色"全部提亮，发现水的颜色浅了一些，但是层次不分明了。

04

将图像的"清晰度"和"自然饱和度"提高，海水就变成清爽的蓝色了，而且水纹的层次也十分清晰。

05

使用"调整画笔"，在沙滩上新建一个调整区域，仔细控制调整区域范围。

06

调整区域确定后，在"调整画笔"面板中调整各项参数的值，尽量使沙滩的明暗层次分明一些，颜色不要那么黄。

07

调整完成后，单击界面中的"打开图像"按钮，将图像在Photoshop中打开。使用"仿制图章工具"修复沙滩中心受影响的海水。

08

使用相同的方法仔细修复其他部分。沙滩缝隙中的海水本来就很亮，所以请尽量将样本取在颜色鲜艳明亮，纹理丰富的区域。

09

至此完成该案例的全部操作。处理这张照片的主要目的就是让灰蒙蒙的海水变得清澈湛蓝，所以需要提亮照片的高光。操作时切不可使亮的海水和白云过曝。

该案例调整的重点就是使海水颜色尽可能清澈，如果单纯调整阴影和高光无法达到目的，还可以通过"颜色"选项在海水上多添加几层蓝色，强调海水的质感。

5.13

巧妙打造由日转夜场景

操作分析：

　　原始图像的天气氛围阴沉，景物颜色不艳丽，整个画面没有亮点，不够吸引人。

　　Camera Raw中的"渐变滤镜"可以在图像中添加平滑过渡的线性渐变调整区域，从而实现各种过渡柔和的调整效果。

　　"渐变滤镜"和"调整画笔"的参数面板完全一样，从本质上讲，"渐变滤镜"也只是和"调整画笔"定义调整区域的方式不同罢了。

原图

01

将素材图像"素材>第5章>0513.jpg"使用Camera Raw打开。

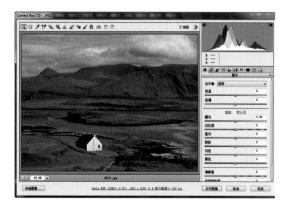

02

选择"渐变滤镜" 📷，在右侧的"渐变滤镜"面板中随意设置参数值，然后由图像右下角至左上角拖动鼠标，创建一个渐变滤镜。

03

如果需要调整渐变滤镜的位置，可以使用鼠标选中绿色或红色结点，并将其拖动到合适的位置即可。

04

渐变滤镜位置确定后，在右侧的参数设置区域精确调整各项参数的值，使水面的颜色变为深蓝色。

05

单击"颜色"选项后面的颜色块，弹出"拾色器"对话框，选取一块颜色很纯的蓝色，可以看到水面更蓝了。

06

该渐变滤镜设置完成。在"渐变滤镜"面板中选中"新建"模式，随意设置参数值，在画面左上角新建第二个渐变滤镜。

07

调整渐变滤镜起始和终止的位置，并在"渐变滤镜"面板中精确设置参数值，可以看到画面左上部分变成暖红色了。

08

单击"颜色"选项后的颜色块，在弹出的"拾色器"对话框中选择一块纯黄色。这样可以使画面颜色更暖。

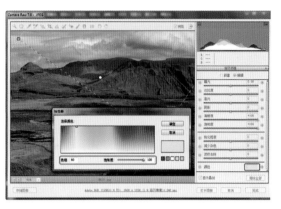

09

至此图像的冷暖对比色调就基本成型了。单击"打开图像"按钮，将调整结果在Photoshop中打开。

10

新建"色相/饱和度"调整图层，将图像中"红色"的"饱和度"提高25，图像左侧的云朵明显艳丽了。

11

新建"色阶"调整图层，将图像中的高光调亮一些，这样可以使图像看起来更通透。注意不要让云朵过曝。

12

最后按快捷键Ctrl+Shift+Alt+E盖印可见图层，得到"图层1"，至此完成该案例的全部操作。

5.14

调出清澈的碧海蓝天

操作分析:

　　图像有些发灰,颜色不够艳丽,导致水面和天空的质感表现不足。

　　在调整照片时,主要使用"调整画笔"分片调整树丛和水面,使其清晰艳丽,然后使用"渐变滤镜"在天空中添加一抹淡淡的红霞,最后使用Photoshop对图像细节进行处理。操作过程中要时刻注意提亮阴影区域。

原图

01

将素材图像"素材>第5章>0514.jpg"使用Camera Raw打开。这张照片影调基本正常，但颜色有些发灰。

02

打开"基本"面板，大幅提高"清晰度"和"自然饱和度"，并适当提亮高光和阴影，使图像更加艳丽清晰。

03

接下来对图像中的元素进行单独调整。选择"调整画笔"，在草地和树木处新建调整区域，精确修改涂抹区域。

04

调整区域确定后，在"调整画笔"面板中适当调整参数值，使树丛看起来更加明亮艳丽。

05

接下来在水面新建第二个调整区域，精确修改画笔涂抹区域。

06

涂抹完成后，在"调整画笔"面板中适当调整参数。在调整区域中复叠一层蓝色可以使水面看起来更清澈。

07

接下来选择"渐变滤镜",在画面左上方的天空新建一个渐变滤镜,略微添加一些洋红色,这可以丰富画面。

08

单击"颜色"选项后的颜色块,在弹出的"拾色器"对话框中选择一块蓝色,让天空重新变成蓝色。

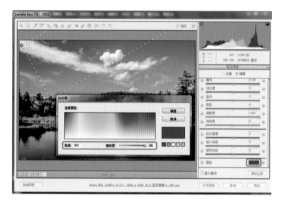

09

至此图像的色调基本调整完成。单击"打开图像"按钮,将调整结果在Photoshop中打开。

10

执行"图像>调整>阴影/高光"命令,弹出"阴影/高光"对话框,勾选"显示更多选项",适当设置参数值。

11

设置完成后,单击"确定"按钮,可以看到图像中少量的过暗区域变亮了一些,不过大部分区域并没有受到影响。

12

接下来要对图像颜色进行精确调整。新建"选取颜色"调整图层,分别选择"绿色"和"青色"调整参数值。

13

继续选择"白色",为云朵略微添加一些洋红色。调整完成后,关闭"属性"面板,可以看到图像效果。

14

调整完成后,按快捷键Ctrl+Shift+Alt+E盖印可见图层,得到"图层1"。

15

调整到这里就接近尾声了。最后使用"色彩范围"和"色相/饱和度"命令对树丛和天空交接处的白色进行处理,并对局部过暗区域进行处理,操作完成。

使用Photoshop对图像阴影区域进行处理时,最好使用"阴影/高光"命令,仔细控制阴影区域的亮度。

5.15

大幅强化照片氛围

操作分析：

　　图像阴影区域的范围过大，整张照片笼罩在一片黑暗中，山峰的细节不清晰。

　　要调整这张照片主要从两方面下手，一是恢复阴影区域细节。这不是什么难题，在"基本"面板中提亮"阴影"和"黑色"即可；二是强化图像氛围，主要通过在图像中多次应用渐变滤镜来实现。

原图

01

将素材图像"素材>第5章>0515.jpg"使用Camera Raw打开。这张照片的阴影区域有些发暗。

02

打开"基本"面板，提高"高光"和"黑色"的亮度，并提高图像"清晰度"和"自然饱和度"，图像影调基本正常了。

03

接下来选择"渐变滤镜"，沿着山峦和天空交界处拖出一条渐变，并为该渐变滤镜应用一块纯黄色，这是为了强调日落颜色。

04

继续在天空添加另外两个渐变滤镜，并为它们应用橙黄色，它们的颜色相互叠加后，使得天空成为极艳丽的橙色。

05

接下来在天空之外的部分创建其他3个渐变滤镜，并分别调整参数值。调整后的水面和山峰呈现洋红色。

06

调整完成后，单击界面中的"打开图像"按钮，将调整结果在Photoshop中打开。

07

下面对图像颜色做精细调整。新建"选取颜色"调整图层，分别选择"红色"和"洋红"调整参数值。

08

选中该调整图层的蒙版，使用黑色的柔边画笔将正中间山峦的倒影涂抹出来。

09

按快捷键Ctrl+Shift+Alt+E盖印可见图层，得到"图层1"。最后执行"滤镜>渲染>镜头光晕"命令，弹出"镜头光晕"对话框，为图像添加光晕效果，操作完成。

Photoshop

第6章 合成技法

6.1

合成世外桃源

这张合成作品难度并不高，只是用了3张素材图像，分别是远山、水面和小船。

本案例操作时有两个难点，一是注意水面与背景的融合，涂抹蒙版时一定要仔细；二是素材之间颜色协调，这是最重要的。本案例中有些素材色调不正常，使用时必须先做校正，这样才可以使多张素材协调统一。

素材

6.1.1 处理背景图像

01

执行"文件>打开"命令，打开素材图像"第6章>素材>
0601.jpg"，并复制"背景"图层，得到"图层1"。

02

执行"图像>自动色调"命令自动校正图像色调，可
以看到图像清晰鲜艳了很多。

03

新建"色相/饱和度"调整图层，分别选择"黄色"
和"青色"，提高饱和度。

04

选择"蓝色"进行相应设置。经过调整的图像色调
有了大幅提升，天空和树木的颜色都十分浓郁。

05

天空中云朵颜色有些冷。新建"色彩平衡"调整图层，
选择"高光"选项，在图像高光中添入一些暖色。

06

设置"色彩平衡1"调整图层的"不透明度"为
60%，让图像颜色自然一些。

6.1.2 处理水面素材

07
在"图层"面板中选中除"背景"图层之外的全部图层，执行"图层>图层编组"命令将其编组，并重名为"背景"。

08
将素材图像"第6章>素材>0602.jpg"拖入到设计文档中，适当调整位置和大小。

09
为该图层添加黑色的图层蒙版，并使用白色柔边画笔将下半部分的水面涂抹出来。细碎的树枝不必涂抹得太精确。

10
在"图层"面板中单击鼠标右键"图层2"蒙版缩览图，在弹出的快捷菜单中选择"停用图层蒙版"选项，暂时停用蒙版。

11
使用"魔棒工具"，在"选项"栏中取消勾选"连续"，然后在树干部分单击，这样基本可以选中树枝。

12
再次单击蒙版缩览图启用蒙版，并在选区中填充黑色，树枝就被抠出来了。

13

现在开始对水面进行调色。新建"亮度/对比度"调整图层,提亮图像亮度和对比度,让水看起来更清澈一些。

14

新建"色相/饱和度"调整图层,将其剪切到下方图层,分别选择"红色"和"黄色"进行相应设置。

15

设置完成后,关闭"属性"面板,可以看到水面中的倒影变黄了一些,颜色也更鲜艳了。这与周围环境更相称。

16

新建"曲线"调整图层,精细控制水面的明暗度,这也是一个使水面清澈的关键步骤。

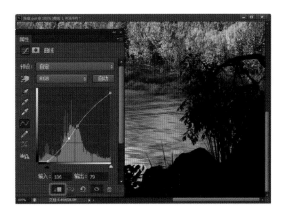

17

近景中的树枝因为上一步的操作变黑了。选中"曲线l"调整图层的蒙版,使用黑色画笔将树枝涂抹出来。

18

在"图层"面板中选中水面及相关调整图层,执行"图层>图层编组"命令将其编组,并重名为"水面"。

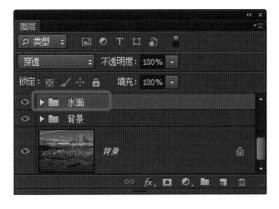

6.1.3　添加小船

19

将小船素材"第6章>素材>0603.jpg"拖入到设计文档中，并适当调整其位置和大小。

20

为该图层添加蒙版，使用黑色画笔将小船之外的背景涂抹掉（可以先使用"磁性套索工具"大致选取出小船）。

 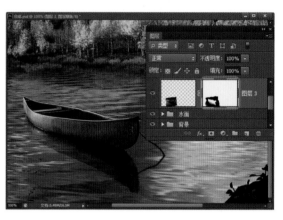

21

按快捷键Ctrl+Shift+Alt+E盖印可见图层，得到"图层4"。若觉得图像中有些树木的颜色过暗，可以使用"减淡工具"或"阴影/高光"命令适当处理一下。

6.2

合成宏大浩劫场景1

本案例旨在合成一幅被滔天巨浪吞没一切的末日浩劫场景。制作时首先需要将高架桥素材与巨浪素材相互融合，然后对图像整体进行调色，渲染出恐怖憋闷的气氛。

由于本案例对素材和整体图像做过多次压暗处理，所以后期处理过暗像素也是提升品质的重要操作之一。

素材

6.2.1 处理并合成图像

01

执行"文件>打开"命令，打开素材图像"第6章>素材>0604.jpg"，并复制"背景"图层，得到"背景副本"图层。

02

执行"图像>调整>去色"命令，将该图像调整为黑白照片。

03

新建"色阶"调整图层，大幅剪切图像中的黑色像素，使图像变暗一些。

04

拖入海浪素材图像"第6章>素材>0605.jpg"，并执行"编辑>自由变换"命令，适当调整其位置与大小。

6.2.2　调整整体色调

05

为该图层添加图层蒙版，使用白色的柔边画笔适当涂抹图像，使下方图层中的高架桥自然地融合在巨浪中。

06

现在开始调整图像整体色调。新建"图层2"，使用"渐变工具"在画布中填充从白到黑的径向渐变。

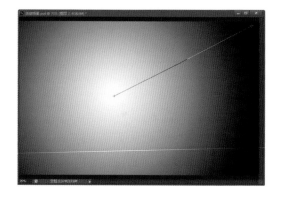

07

设置"图层2"的"混合模式"为"颜色"，"不透明度"为70%。可以看到图像整体颜色减弱了很多。

08

新建"图层3"，设置"前景色"为RGB（25、126、141），并按快捷键Alt+Delete为画布填充前景色。

09

设置该图层"混合模式"为"颜色减淡","不透明度"为50%。可以看到图像基本只剩下蓝色,其他颜色都减弱了。

10

将鸟群素材图像"第6章>素材>0624.tif.jpg"拖入到设计文档中,并按快捷键Ctrl+T适当调整其位置与大小。

11

接下来新建一个"色彩平衡"调整图层,弹出"属性"面板。分别选择"中间调"和"阴影"修改参数值。

12

继续在"属性"面板中选择"高光"并设置各项参数的值。经过调整的图像颜色厚重了不少,各种景物的质感增强了。

13

再次新建一个"色彩平衡"调整图层,分别在"属性"面板中选择"中性色"和"阴影",并根据需求加入不同的颜色。

14

继续在"属性"面板中选择"高光",在图像高光中添入红色和洋红。调整后可见图像中恐怖的气氛更浓了。

6.2.3 处理阴影区域

15

图像中局部区域过暗，影响了图像品质。按快捷键Ctrl+Shift+Alt+E盖印图层，使用"套索工具"沿着过暗区域大致创建选区。

16

执行"图像>调整>阴影/高光"命令，弹出"阴影/高光"对话框，勾选"显示更多选项"，然后适当设置"阴影"参数值。

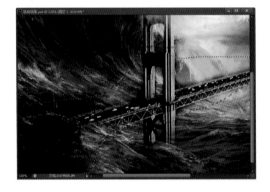 

17

设置完成后，单击"确定"按钮，可以看到局部阴影区域已经得到改善，但是大量纯黑色的阴影区域并没有恢复细节。

18

执行"选择>色彩范围"命令，弹出"色彩范围"对话框，使用滴管吸取黑色区域，将其定义为选区。

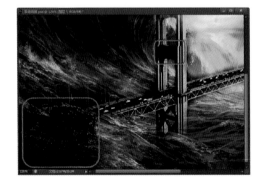 

19

设置完成后，单击"确定"按钮，可以看到图像中的黑色区域被选中了。

20

保持选区存在状态，执行"图像>调整>曲线"命令，弹出"曲线"对话框，将选中的阴影区域略微提亮一些。

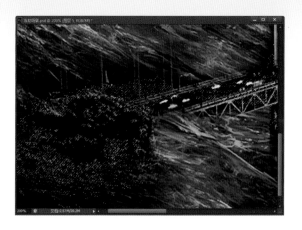
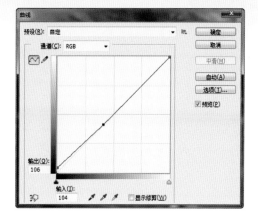

21

单击"确定"按钮，可以看到黑色区域的颜色不那么抢眼了，操作完成。使用Photoshop处理图像时，纯白色和纯黑色的区域是无法使用任何调整命令恢复细节的，所以处理时要小心翼翼地控制图像阴影和高光。

操作步骤20时，如果觉得选区妨碍预览图像，可以按快捷键Ctrl+H临时隐藏选区，调整完成后再显示即可。

6.3

合成宏大浩劫场景2

　　这张合成作品与前例属于同一个系列，主要展现了一幅繁华的城市受到毁灭性武器摧残的末日景象。

　　整张照片采用了很艳丽的黄色调，图像正中是层层叠叠的高楼大厦和一颗硕大火红的气浪，后面是黑云压城，图像四周的建筑渐渐被吞没在一片硝烟中，整个画面传达出一种极度不安与浮躁的情绪。

素材

6.3.1　合成图像

01
执行"文件>打开"命令，打开素材图像"第6章>素材>0606.jpg"。

02
打开素材图像"第6章>素材>0607.jpg"，将其拖入到设计文档中，并按快捷键Ctrl+T适当调整其大小和位置。

03

使用"磁性套索工具"沿着背景缓缓拖动鼠标,将画面中心的巨大气浪大致选取出来。请配合Shift键和Alt键加减选区。

04

保持选区存在状态,直接为该图层添加图层蒙版,然后按快捷键Ctrl+I反相蒙版,气浪就基本抠出来了。

6.3.2 调整素材色调

05

选中该图层蒙版,使用黑色柔边画笔适当涂抹气浪下部与楼顶的接合处,使其自然融合。

06

现在开始调整气浪的色调。新建"照片滤镜"调整图层,在弹出的"属性"蒙版中选择合适的滤镜为图像应用。

07

设置该图层"混合模式"为"柔光","不透明度"为50%,可以看到气浪被压暗了很多,颜色略微黄了一些。

08

按快捷键Ctrl+J复制"照片滤镜1"调整图层,并更改"混合模式"为"正常","不透明度"为100,气浪颜色变黄了。

09

接下来新建一个"色彩平衡"调整图层，弹出"属性"面板。分别选择"中间调"和"阴影"修改参数值。

10

继续在"属性"面板中选择"高光"设置各项参数的值。调整完成后，可以看到气浪的颜色更加生动艳丽了。

6.3.3 整体润色

11

新建"图层3"使用"渐变工具"在画布中填充从颜色RGB（243、108、8）到RGB（253、250、65）的径向渐变。

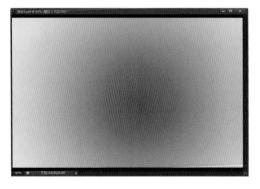

12

设置该图层"混合模式"为"线性光"，"不透明度"为70%，使图像笼罩在一层恐怖浮躁的黄光之下。

13

画面中心的气浪颜色过重，返回去将"图层1"的"不透明度"更改为65%，使气浪产生透明的质感。

14

将素材图像"第6章>素材>0608.jpg"拖入到设计文档中，适当调整位置和大小，并添加蒙版控制其显示范围。

15

在图层最上方新建"色彩平衡"调整图层，弹出"属性"面板，在图像中间调中添加大量的红色和黄色，使图像氛围更加浓烈。最后按快捷键Ctrl+Shift+Alt+E盖印可见图层，得到"图层4"。至此完成该案例的全部操作。

这张合成图像中的元素很少，制作时要特别注意协调局部素材与整体的颜色，尤其是气浪的颜色。

6.4

合成蛮荒之地

　　本案例合成一幅空旷荒凉的不毛之地。案例中使用的素材并不多，但很有讲究。

　　天空和地面这两张素材图像的纵深感极强，可以很好地体现空旷的感觉。而枯朽的老树和坟墓一样的石屋，配合开裂的大地，则直观地体现出荒凉蛮夷的感觉。老树上唯一的一片绿叶被两只冷血毒虫包围，让人感到深深的绝望。

素材

6.4.1 组合各个素材

01

执行"文件>新建"命令,弹出"新建"对话框,新建一个1024×768像素,分辨率为72像素/英寸的空白文档。

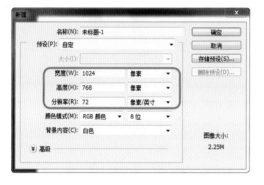

02

打开天空素材"第6章>素材>0609.jpg",将其拖入到设计文档中,并按快捷键Ctrl+T适当调整其大小和位置。

03

接下来将地面素材"第6章>素材>0610.jpg"拖入到设计文档中,将其调整到画布的底部。

04

为该图层添加蒙版,使用黑色柔边画笔小心将素材中的白色边缘部分涂抹掉,将地面和天空很好的融合。

05

再将石屋素材"第6章>素材>0611.jpg"拖入到设计文档中,并按快捷键Ctrl+T适当调整其位置和大小。

06

为该图层添加蒙版,使用黑色画笔仔细将石屋和石块之外的部分涂抹掉。石块的边缘较硬,所以请适当调高画笔"硬度"。

07

分别将枯树和蛇素材拖入到设计文档中，调整其位置和大小，并使用蒙版控制显示范围。

08

在枯树图层上方新建"图层6"，使用黑色柔边画笔略微将树根部分压暗一些。

6.4.2　调整图像色调

09

新建"照片滤镜"调整图层，弹出"属性"面板，选择"加温滤镜81"为图像应用，可以看到图像大幅变黄了。

10

设置"照片滤镜1"调整图层的"混合模式"为"柔光"，图像中的黄色变得很自然，同时图像也变清晰了。

11

新建"选取颜色"调整图层，在弹出的"属性"面板中分别选择"黄色"和"白色"进行相应设置。

12

参数设置完成后，关闭"属性"面板，可以看到图像的色调变成了一种十分深沉内敛的黄色，很好地体现了画面情绪。

13

将树叶素材"第6章>素材>0613.tif"拖入到设计文档中，并按快捷键Ctrl+T适当调整其位置和大小。

14

调色完成，按快捷键Ctrl+Shift+Alt+E盖印可见图层，得到"图层8"。

15

执行"滤镜>锐化>USM锐化"命令，弹出"USM锐化"对话框，适当设置各项参数的值，对图像进行锐化。这张图像中地面和树枝的纹理本来就很清晰，所以不宜过度锐化。

如果锐化后局部区域出现噪点，请酌情使用"历史记录画笔"进行恢复，以免影响画面颜色流畅。

6.5

合成鲨鱼潜水艇

　　本案例合成一幅鲨鱼潜水艇在水中航行的场景。感觉效果似乎并没有太多的难点，事实上本案例的重点在于把握图像整体与局部素材色调的控制。

　　水中场景的光影效果十分微妙，图像过艳过清晰和过暗过模糊都无法完美表现出水清澈的质感，而这绝对是水中场景的硬伤。

素材

6.5.1 制作背景

01

执行"文件>新建"命令，弹出"新建"对话框，新建一个1600×1200像素，分辨率为72像素/英寸的文档。

02

为画布填充颜色RGB（40、148、171），然后使用黑色柔边画笔在画布下半部分进行涂抹。

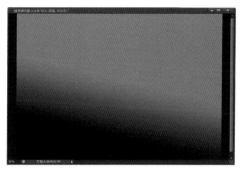

03

将海洋素材"第6章>素材>0614.jpg"拖入到设计文档中，适当调整其位置和大小，然后添加蒙版控制其显示范围。

04

海洋的底部还不够暗。新建"图层2"，继续使用黑色画布在图像中涂抹，然后设置该图层"不透明度"为40%。

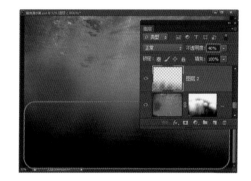

6.5.2 添加鲨鱼和其他素材

05

将鲨鱼素材"第6章>素材>0615.png"拖入到设计文档中，并适当调整其位置和大小。

06

鲨鱼的颜色显然过黄，与海底的环境很不协调。新建"色彩平衡"调整图层，在"属性"面板中选中"中间调"进行设置。

07

将素材图像"第6章>素材>0616.jpg"调整到鲨鱼的背部,并为其添加图层蒙版,使用黑色画笔涂抹素材底部。

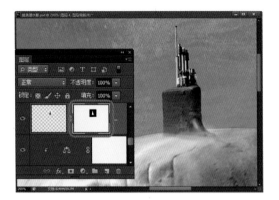

08

新建"图层5",使用黑色画笔在鲨鱼背部涂抹出淡淡的阴影。请仔细清除掉涂抹到海水部分的黑色。

09

将气泡素材"第6章>素材>0617.png"拖入设计文档,适当调整其位置,并修改其"混合模式"为"变亮"。

10

将浪花素材"第6章>素材>0618.tif"拖入设计文档,分别将其调整到鲨鱼下方和尾部,同样设置"混合模式"为"变亮"。

11

将鱼雷素材"第6章>素材>0618.tif"拖入设计文档,将其调整到浪花的前端,制作出鱼雷飞射而出的效果。

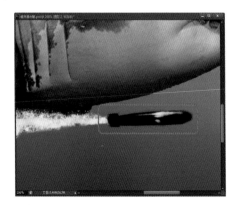

12

将素材图像"第6章>素材>0619.jpg"移动到鲨鱼背部,设置其"混合模式"为25%,添加蒙版遮盖掉多余的部分。

6.5.3 整体调色

13

新建"色阶"调整图层，在弹出的"属性"面板中适当调整参数值。

14

下面开始对图像进行整体调色。新建"照片滤镜"调整图层，为图像应用颜色为RGB（122、115、203）的滤镜。

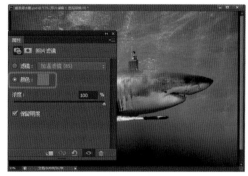

15

设置该图层"混合模式"为"柔光"，图像变成了略带洋红的蓝色，而且清晰了很多。

16

接下来新建"色相/饱和度"调整图层，弹出"属性"面板，将全图"饱和度"降低50，图像变为自然的蓝色。

17

设置完成后，按快捷键Ctrl+Shift+Alt+E盖印可见图层，得到"图层11"。执行"滤镜>锐化>USM锐化"命令，弹出"USM锐化"对话框，略微将图像锐化一些，操作完成。

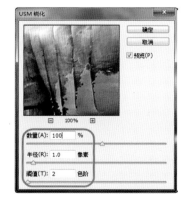

6.6

合成秋日美景

本案例合成一幅十分美丽的金秋美景图，图像整体基调是温暖绚丽的红黄色。天空中的红色得益于着色操作，那些过渡自然的黄色则全部是一层一层涂抹出来的，这应该是本案例的一个难点。

另外，本例中制作彩虹的方法非常巧妙，不同于特效篇中讲解的方法，很值得借鉴。

素材

6.6.1 处理天空和地面

01

执行"文件>新建"命令，弹出"新建"对话框，新建一个1024 × 640像素，分辨率为72像素/英寸的空白文档。

02

打开天空素材"第6章>素材>0620.jpg"，将其拖入到设计文档中，并按快捷键Ctrl+T适当调整其大小和位置。

03

新建"色相/饱和度"调整图层,弹出"属性"面板,勾选"着色"选项,将黑色图像调整为洋红色。

05

新建"图层3",设置"前景色"为RGB（255、255、190），使用"画笔工具"在图像下半部分的空白区域涂抹。

07

新建"图层5",使用"画笔工具"在图像下半部分进行涂抹,并设置其"混合模式"为"滤色","不透明度"为35%。

04

新建"图层2",设置"前景色"为RGB（255、252、0），使用柔边的画笔在图像中适当涂抹。

06

打开热气球素材"第6章>素材>062.tif",将其拖入到设计文档中,并分别将不同的热气球调整到合适的位置。

08

新建"图层6",修改"前景色"为黑色。适当调整"画笔工具"的尺寸,在图像中绘制出一个柔和的圆点。

09

在"图层"面板中双击该图层缩览图，弹出"图层样式"对话框，选择"外发光"，适当设置各项参数的值。

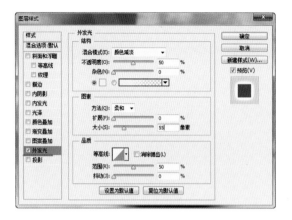

10

设置完成后，单击"确定"按钮，可以看到圆点上半部分的边缘出现了一圈淡淡的彩虹。

11

设置该图层"混合模式"为"滤色"，将该图层中的黑色屏蔽，这样就只剩下彩虹了。

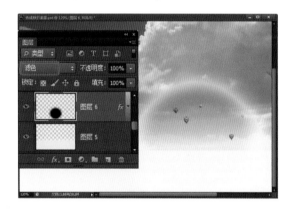

12

将地面素材"第6章>素材>0622.jpg"拖入设计文档，适当调整其位置，并添加蒙版控制其显示范围。

13

新建"图层8"，将其剪切到下方图层，使用"画笔工具"适当涂抹地面与天空的交界线，并设置其"混合模式"为"滤色"。

14

将树木素材"第6章>素材>0623.png"拖入设计文档，适当调整其位置和大小，更改其"混合模式"为"正片叠底"。

15

载入树木的选区，并选中地面图层复制选区内的图像，然后将复制得到的图层调整到树木图层上方。

16

为该图层添加黑色的蒙版，使用白色柔边画笔涂抹树木下方多余的黑色部分。这样绿色的草地就将多余的黑色遮住了。

17

草地的颜色略微有些亮。新建"色阶"调整图层，将图像的高光剪切掉一些，使草地的颜色与周围地面融合。

18

新建"图层11"，使用黑色柔边画笔轻轻涂抹出树木的阴影，并设置其"混合模式"为"正片叠底"，"不透明度"为70%。

6.6.2　点缀协调整体效果

19

在"图层"面板中选中树木及相关图层，执行"图层>图层编组"命令将其编组，并重命名为"树"。

20

将热气球素材"第6章>素材>0621.tif"拖入到设计文档中，并按快捷键Ctrl+T适当调整其位置和大小。

21

将鸟群素材"第6章>素材>0624.tif"拖入设计文档，适当调整位置和大小，并添加蒙版控制显示范围。

22

鸟群的颜色略微有些暗。新建"色相/饱和度"调整图层，在"属性"面板中勾选"着色"选项，将鸟群调整成深棕色。

23

新建"图层12"，分别设置"前景色"为RGB（43、11、88）和RGB（255、124、0），使用"画笔工具"适当涂抹图像。

24

设置该图层"混合模式"为"叠加"，"不透明度"为60。为其添加蒙版，使用黑色柔边画笔适当涂抹草地。

25

新建"图层15"，设置"前景色"为RGB（225、228、0），使用"画笔工具"在草地上涂抹，并设置其"混合模式"为"颜色"。

26

最后新建"图层16"，使用黑色柔边画笔在图像四周涂抹出晕影，并设置其"混合模式"为"柔光"，操作完成。

THECITY
INTHESKY

6.7

合成天空之城

　　本案例主要合成一幅漂浮在半空中，被云朵包围的岛屿，是一幅比较典型的商业合成。

　　很多商业合成为了最大限度体现画面主体，往往会采取本例中这种留白画面边缘的形式，这样画面会显得简洁清爽，不宜使观众产生视觉疲劳。而背景中淡淡的纹理不仅不会造成画面脏乱拥挤，还可以提升图像品质感。

素材

6.7.1 制作背景

01

单击"设置背景色"控件，将"背景色"设置为RGB
（31、37、53）。

02

执行"文件>新建"命令，弹出"新建"对话框，新建
一个1280×900像素，分辨率为72像素/英寸的文档。

03

打开纹理素材"第6章>素材>0625.jpg"，将其拖入
到设计文档中，并适当调整位置和大小。

04

设置该图层"混合模式"为"叠加"，"不透明度"
为15，可以看到纹理自然地融合在背景颜色中了。

05

选取纹理左侧的部分进行复制，得到"图层2"，然
后将其移动到画布右侧，用以填补纹理空缺的部分。

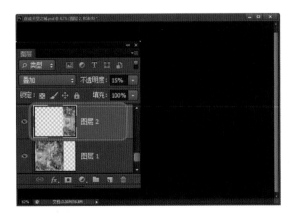

06

将素材图像"第6章>素材>0626.jpg"拖入到设计文
档中，适当调整位置和大小，并添加蒙版控制其显
示范围。

6.7.2 制作岛屿

07

将"图层3"复制，执行"图像>调整>去色"命令将其去色。设置该图层"混合模式"为"滤色"，使图像变亮。

08

将岛屿素材"第6章>素材>0627.png"拖入到设计文档中，适当调整位置和大小，并添加蒙版控制显示范围。

09

复制该图层，执行"图像>调整>去色"命令将其去色。设置该图层"混合模式"为"叠加"，使岛屿更加清晰。

10

再次复制该图层，适当调整其顺序，并使用鼠标右键单击该图层缩览图，将其转换为智能对象。

11

执行"滤镜>艺术效果>干画笔"命令，弹出"干画笔"对话框，适当修改各项参数的值，将岛屿处理为壁画效果。

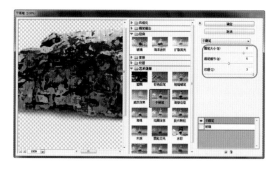

12

修改该图层"混合模式"为"柔光"，可以看到岛屿表面凹凸不平的纹理更具质感了。

13

复制"图层4"，得到"图层4副本3"。将其调整到图层最上方，并设置其"不透明度"为30%，略微中和一下岛屿颜色。

14

隐藏除四个岛屿图层之外的所有图层，按快捷键Ctrl+Shift+Alt+E盖印图层，得到"图层5"，然后将4个图层编组、隐藏。

15

重新显示隐藏的图层，为"图层5"添加蒙版，使用黑色柔边画笔将岛屿上半部分涂抹掉。

16

使用"矩形选框工具"沿着岛屿上半部分创建选区，按快捷键Ctrl+J复制选区内的图像，得到"图层6"。

6.7.3 制作岛屿投影

17

将复制得到的岛屿略微下移一些，为其添加蒙版，使用黑色柔边画笔将岛屿下方的硬边缘进行涂抹。

18

在"组1"下方新建"图层7"，使用"椭圆选区工具"在岛屿下方创建选区，并填充白色。

19

将"图层7"转换为智能对象，然后执行"滤镜>模糊>高斯模糊"命令，弹出"高斯模糊"对话框，将图像模糊30像素。

20

设置完成后，单击"确定"按钮，设置该图层"混合模式"为"叠加"，使光束的颜色变得更加自然。

21

按快捷键Ctrl+J复制该图层，得到"图层7副本"，光束效果更加强烈了。

22

新建"图层8"，使用黑色柔边画笔涂抹出岛屿的阴影。

6.7.4 添加其他点缀元素

23

将不同的素材拖入设计文档，将其移动到岛屿上，并分别调整位置和大小，然后将其编组，重命名为"物体"。

24

使用"画笔工具"，打开"画笔预设"选取器，载入外部画笔"烟雾.abr"，然后选择合适的笔刷。

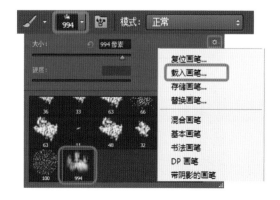

25

新建图层，设置"前景色"为白色，使用"画笔工具"在岛屿周围绘制烟雾，使岛屿产生若隐若现的感觉。

26

使用"横排文字工具"，打开"字符"面板进行相应设置，然后在图像中输入文字。

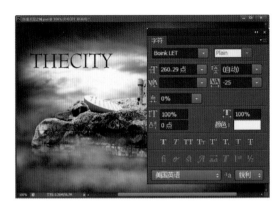

27

双击文字图层的缩览图，弹出"图层样式"对话框，选择"斜面与浮雕"选项，对各项参数进行设置。

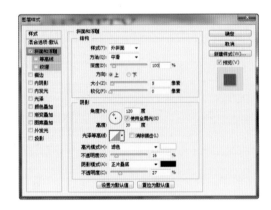

28

设置完成后，单击"确定"按钮，可以看到文字添加了立体效果。

29

输入其他文字，使用鼠标右键单击下方文字图层，选择"拷贝图层样式"命令，然后再使用鼠标右键单击文字图层，选择"拷贝图层样式"命令，得到最终图像效果，制作完成。

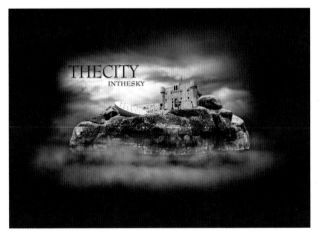

6.8

合成勇敢的战士

本案例合成一幅复杂的远古战场图像，案例中使用的素材很多，而且基本都需要单独进行调色，所以难度相对比较大。

图像中的天气氛围是在黄昏，所以画面中的景物色调都应该带些黄色。其次，各个景物的阴影也是处理时的重点，尤其是武器投在石头上的阴影会变形，制作时请多花一些时间。

素材

6.8.1 制作背景

01

执行"文件>打开"命令，打开素材图像"第6章>素材>0631.jpg"。

02

按快捷键Ctrl+Shift+N，弹出"新建图层"对话框，设置"模式"为"叠加"，并勾选"填充叠加中性色"。

03

设置"前景色"为白色，使用柔边画笔适当涂抹夕阳的部分，使落日的氛围更加强烈。更改该图层名称为"夕阳"。

04

新建"压暗"图层，使用黑色柔边画笔适当涂抹远处的山峰和部分草地，将其压暗一些。

05

拖入素材图像"第6章>素材>0632.png"，将其调整到合适位置和大小，并为其添加蒙版控制显示范围。

06

在"图层"面板中单击该图层缩览图，弹出"图层样式"对话框，选择"颜色叠加"选项进行相应设置。

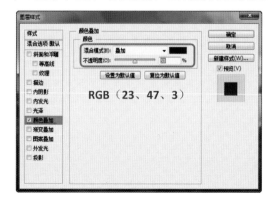

6.8.2　添加石块

07

设置完成后，单击"确定"按钮，可以看到山峰的颜色变暗、变绿了。"颜色叠加"相当于将一个纯色图层剪切到下方图层。

08

拖入石块素材"第6章>素材>0633.png"，适当调整其位置和大小，为其添加图层蒙版控制显示范围。

09

下面对石块进行调色。新建"色彩平衡"调整图层，分别在"属性"面板中选择"阴影"和"高光"设置参数值。

10

设置完成后，关闭"属性"面板，可以看到石块颜色略微变黄了一些，好像受到了夕阳的照射一样。

11

新建一个图层，重命名为"阴影"，并剪切到下方图层。使用黑色柔边画笔适当涂抹石块下半部分，将其压暗。

12

新建图层，重命名为"环境光"。设置前景色为RGB（188、138、3），使用"画笔工具"适当涂抹石块的受光面。

13

将其剪切到下方图层，并修改其"混合模式"为"叠加"，"不透明度"为"35%"。

14

新建"环境光1"图层，为画布填充颜色RGB"56、63、0"，然后修改其"混合模式"为"叠加"，"不透明度"为60%。

6.8.3　添加人物

15

在"图层"面板中选中石块及相关的调色图层，执行"图层>图层编组"命令，将其编组，并重命名为"石头"。

16

执行"文件>打开"命令，打开人物素材"第6章>素材>0634.jpg"，然后执行"图像>自动颜色"命令进行调色。

17

使用"快速选择工具"在人物中单击，并缓缓拖动鼠标将人物选取出来。如果无法一次性选择成功，可以对选区进行加减。

18

将人物选取出来后，按快捷键Ctrl+J复制选区内的图像，然后使用"修补工具"修复人物后背上的纹身和瑕疵。

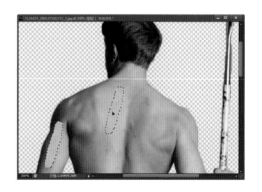

19

将抠出的人物拖动到设计文档中，适当调整其位置和大小。适当缩短左腿长度，让人物正好可以站在石头上。

20

在"图层"面板中双击该图层缩览图，弹出"图层样式"对话框，选择"内阴影"选项设置各项参数值。

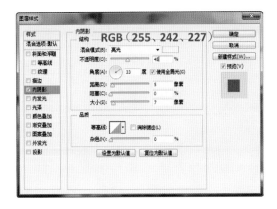

21

设置完成后，单击"确定"按钮，可以看到人物轮廓添加了一圈明显的亮光，十分自然地模拟了夕阳照射的光线。

22

按快捷键Ctrl+Shift+N新建"调色1"图层，分别使用黑、白画笔涂抹人物，使人物立体感更强。

23

新建"调色2"图层，为画笔填充颜色RGB（140、111、12），并修改其"混合模式"为"叠加"，"不透明度"为25%。

24

新建"色阶"调整图层，在弹出的"属性"面板中适当设置各项参数值，使人物的轮廓更具质感。

25

新建"色彩平衡"调整图层，在"属性"面板中选择"中性色"设置参数值，将人物肤色调整成健康的金色。

26

新建图层，重命名为"武器投影"，使用黑色画笔在石头上涂抹出武器的投影，并添加蒙版控制投影显示范围。

27

选中人物及相关的调色图层，执行"图层>图层编组"命令将其编组，并将图层组重命名为"人物"。

28

在"石头"图层组中新建"人物投影"图层，将其剪切到下方图层，然后在石头上涂抹出人物的投影。

6.8.4 添加蜥蜴

29

将蜥蜴素材"第6章>素材>0635.png"拖入到设置文档中，并按快捷键Ctrl+T适当调整其大小和位置。

30

在"图层"面板中单击该图层缩览图，弹出"图层样式"对话框，选择"内阴影"选项进行相应设置。

31

设置完成后，单击"确定"按钮，可以看到蜥蜴的轮廓也出现了一圈光亮。

32

蜥蜴的颜色有些发灰。新建"色阶"调整图层，弹出"属性"面板，将蜥蜴压暗一些。

33

在"图层"面板中单击该图层缩览图，弹出"图层样式"对话框，选择"叠加"选项进行相应设置。

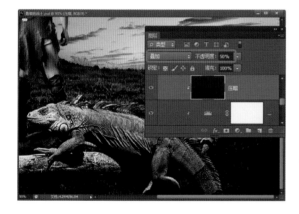

34

在"图层"面板中单击该图层缩览图，弹出"图层样式"对话框，选择"颜色叠加"选项进行相应设置。

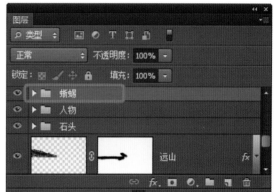

35

将另一张蜥蜴素材"第6章>素材>0636.png"拖入到设置文档中，并按快捷键Ctrl+T适当调整其大小和位置。

36

在该图层下方新建图层，重命名为"投影"，使用黑色柔边画笔在石头上涂抹出蜥蜴的阴影。

37

蜥蜴的颜色过于艳丽，与周围环境不协调。新建"色相/饱和度"调整图层，将"色相"降低30，使其略偏黄。

38

新建"色彩平衡"调整图层，在弹出的"属性"面板中分别选择"中间调"和"阴影"进行相应设置。

39

设置完成后，关闭"属性"面板，可以看到蜥蜴的颜色更黄了。

40

新建"色阶"调整图层，弹出"属性"面板，适当提高图像对比度，使蜥蜴更加清晰。

6.8.5 添加其他素材

41

将鸟群素材"第6章>素材>0624.tif"拖入到设置文档中，并按快捷键Ctrl+T适当调整其大小和位置。

42

将树枝素材"第6章>素材>0637.jpg"抠出，并拖入到设置文档中，适当调整其大小和位置。

43

新建"色彩平衡"调整图层，弹出"属性"面板，分别选择"中间调"和"阴影"进行相应设置。

44

继续在"属性"面板中选择"高光"设置参数值。可以看到树枝的颜色略微黄了一些，与周围环境更加协调。

45

将另外一个树枝素材"第6章>素材>0638.png"拖入到设置文档中，适当调整其大小和位置。

46

双击该图层缩览图，弹出"图层样式"对话框，选择"内阴影"选项进行相应设置。

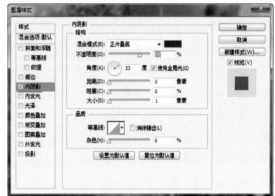

47

设置完成后，单击"确定"按钮，可以看到树枝边缘的细碎白色杂点被遮蔽了，枝叶的颜色更加自然。

48

使用前面讲解过的方法将左侧的树枝压暗一些，并在图像下半部分和人物身上添加右侧树枝的投影。

6.8.6　添加文字

49

使用"横排文字工具"，打开"字符"面板对字号、字体等参数进行设置，在图像中输入文字。文字颜色只要不是黑白就可以。

50

在"图层"面板中双击该文字图层，弹出"图层样式"对话框，选择"内阴影"进行相应设置。

51

继续在"图层样式"面板中选择"内发光"选项，对各项参数值进行设置。

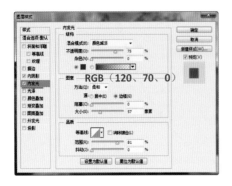

52

设置完成后，单击"确定"按钮，可以看到文字边缘添加了一圈柔和的亮光。如果文字颜色是黑色或白色，这种效果看不到。

53

将石头纹理素材"第6章>素材>0639.jpg"拖动到设计文档中，将其剪切至文字图层，然后将文字下方的区域进行涂抹。

54

通过变换文字的选区，并为选区填充黑色制作出文字的倒影。为了使倒影更加柔和，还需要对其进行高斯模糊。

55

新建"色彩平衡"调整图层，分别在弹出的"属性"面板中选择"中间调"和"阴影"设置各项参数的值。

56

继续在"属性"面板中选择"高光"进行设置，调整完成的文字效果略微泛黄。

57

新建一个图层，为其填充颜色RGB（70、68、13），设置其"混合模式"为"柔光"，使文字变成绿色。

58

文字对于地面来说过于明亮了。新建"色阶"调整图层，适当将文字压暗一些，使其与周围环境更好地融合。

59

新建图层，在文字的下半部分涂抹黑色，然后设置其"混合模式"为"叠加"，"不透明度"为45%。

60

在"图层"面板中选中全部文字相关的图层，执行"图层>图层编组"命令将其编组，并重名为"FIGHT"，操作完成。

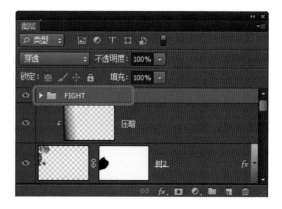

操作方式

将随书附赠DVD光盘放入光驱中，几秒钟后在桌面上双击"我的电脑"图标，在打开的窗口中右击光盘所在的盘符，在弹出的快捷菜单中选择"打开"命令，即可进入光盘内容界面。

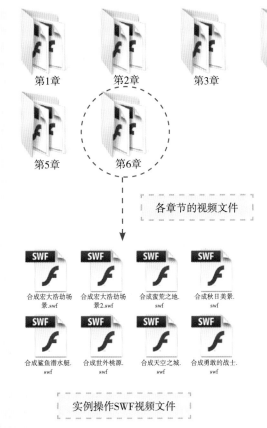

第1章　　第2章　　第3章　　第4章

第5章　　第6章

"视频"文件夹中包含书中各章节的实例视频讲解教程，全书共69个视频讲解教程，视频讲解时间长达150分钟，SWF格式视频教程方便播放和控制。

各章节的视频文件

合成宏大浩劫场　合成宏大浩劫场　合成蛮荒之地.　合成秋日美景.
景.swf　　　景2.swf　　　swf　　　swf

合成鲨鱼潜水艇.　合成世外桃源.　合成天空之城.　合成勇敢的战士.
swf　　　swf　　　swf　　　swf

实例操作SWF视频文件

SWF视频教程播放界面

丰富素材

光盘中包含了制作本书中案例所需的所有素材以及制作完成的源文件。使用素材图片可以方便读者一步步制作案例。在出现制作问题时，可以通过查看源文件观察具体的图层结构和各项参数。

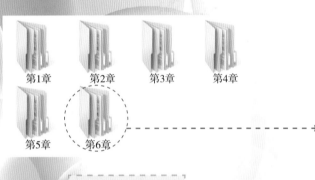

第1章　第2章　第3章　第4章

第5章　第6章

按章节划分素材

素材　源文件

素材文件和源文件

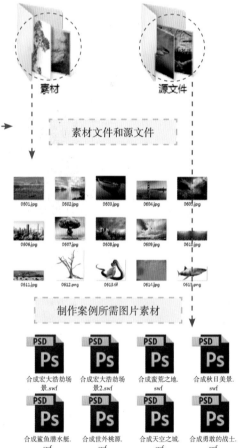

0601.jpg　0602.jpg　0603.jpg　0604.jpg　0605.jpg

0606.jpg　0607.jpg　0608.jpg　0609.jpg　0610.jpg

0611.jpg　0612.png　0613.tif　0614.jpg　0615.jpg

制作案例所需图片素材

便于观察的分层文件

合成宏大浩劫场景.swf　合成宏大浩劫场景2.swf　合成蛮荒之地.swf　合成秋日美景.swf

合成鲨鱼潜水艇.swf　合成世外桃源.swf　合成天空之城.swf　合成勇敢的战士.swf

提供案例源文件